JN313313

操船の基礎

【二訂版】

橋本 進・矢吹英雄・岡崎忠胤　共著

海 文 堂

はしがき

　1988年4月に，橋本・矢吹の共著による『操船の基礎』初版が発行され，部分的な加除訂正を行いながら重版を重ねてきましたが，この間の船舶運航技術の進歩，海事関連条約の改正などに対応するため，改訂版を発行することとなりました。

　初版本は，少数精鋭の乗り組み体制で運航する近代化船を導入することにより，わが国外航商船隊の国際競争力を維持しようとした船員制度近代化政策における「運航士教育」対応の教材との位置付けで出版されました。このため，船舶運航技術のうち，主として操船に関係する基礎知識とその応用について，船長を志す者はもとより，船橋当直を担当する機関科出身の運航士にもその内容が容易に理解できるよう，つとめて平易に執筆してありました。その後，わが国の船員政策は，外国人船員との混乗により国際競争力を維持する方向に舵を切り，その制度自体は残っているものの運航士教育は取り止めとなりましたが，改訂版の執筆に当たっては，初版本の意図した編集方針を引き継ぎ，図を多用するなど読みやすい操船の参考書として取りまとめることとしました。

　現在の外航船員には，海技に関する知識・技能を習得し，船舶の運航現場で実践，応用する力に加え，海技者として外国人船員の教育・訓練を行う指導力が要求されます。本書が，海技者を目指す者に操船に関連する基礎知識を提供する書として海事関係者に迎えられ，船舶の安全かつ効率的な運航に役立つことを願ってやみません。

平成24年3月

橋本　進
矢吹英雄
岡崎忠胤

目　次

第 1 章　舵の働きと操縦性能 …… 1
1.1　舵に働く力 …… 1
- 1.1.1　舵の概要 …… 1
- 1.1.2　舵の単独性能 …… 2
- 1.1.3　船尾舵の性能 …… 3
- 1.1.4　高揚力舵 …… 3

1.2　操舵に対する船の応答 …… 5
- 1.2.1　操縦運動方程式と操縦性指数 …… 5
- 1.2.2　T, K の大小と操縦性 …… 7
- 1.2.3　操縦性指数の実例 …… 8
- 1.2.4　操縦性指数の操船への利用 …… 9
- 1.2.5　針路安定性と保針性 …… 12

1.3　旋回運動 …… 12
- 1.3.1　旋回運動と用語 …… 12
- 1.3.2　キック …… 14
- 1.3.3　偏角と転心 …… 14
- 1.3.4　旋回中の速力低下 …… 15
- 1.3.5　旋回中の横傾斜 …… 15
- 1.3.6　旋回運動に影響する諸要素 …… 17
- 1.3.7　旋回性能の実例 …… 18

1.4　操縦性試験と IMO 操縦性基準 …… 20
- 1.4.1　旋回試験 …… 20
- 1.4.2　Z 操縦試験 …… 20
- 1.4.3　スパイラル試験 …… 21
- 1.4.4　IMO 操縦性基準 …… 23

1.5　操舵法 …… 24

第 2 章　推進機関と操船 …… 27
2.1　出力と効率 …… 27
- 2.1.1　主機出力 …… 27
- 2.1.2　推進の出力と効率 …… 28

2.2	主機の特性と操船	29
2.3	プロペラの作用と操船	32
	2.3.1　スクリュープロペラの概要	32
	2.3.2　操船に影響するプロペラの作用	33
	2.3.3　右回り1軸船の回頭特性	37
	2.3.4　2軸船の操船上の特性	41

第3章　速力と惰力　45

3.1	船の速力	45
	3.1.1　速力の単位と種類	45
	3.1.2　航海速力と港内速力	45
	3.1.3　速力試験	46
3.2	航走中の船の抵抗	47
3.3	惰力と停止性能	48
	3.3.1　発動惰力	48
	3.3.2　停止惰力	49
	3.3.3　反転惰力	50

第4章　操船に及ぼす外力の影響　57

4.1	風の影響	57
	4.1.1　風圧力と風圧モーメント	57
	4.1.2　風が操船に及ぼす一般的影響	60
4.2	流れの影響	62
	4.2.1　流圧力と流圧モーメント	62
	4.2.2　流れが操船に及ぼす一般的影響	63
4.3	波浪の影響	64

第5章　水深の浅い水域，幅の狭い水域などが操船に及ぼす影響　67

5.1	水深の浅い水域が操船に及ぼす影響	67
	5.1.1　船体沈下とトリム変化	68
	5.1.2　スコットの推定式	69
	5.1.3　速力の低下	70
	5.1.4　操縦性の変化	71
	5.1.5　水深の浅い水域を航行するときの余裕水深	71
5.2	幅の狭い水域が操船に及ぼす影響	74

		5.2.1	船体の沈下 74

- 5.2.1 船体の沈下 74
- 5.2.2 側壁影響 74
- 5.3 2船間の相互作用 76
  - 5.3.1 並航する場合の相互作用 76
  - 5.3.2 追い越す場合の相互作用 76
  - 5.3.3 行き会う場合の相互作用 78
  - 5.3.4 係留船舶との相互作用 79

第6章 一般操船 81

- 6.1 アプローチ操船と入出港計画 81
  - 6.1.1 アプローチ操船と操船者のタスク 81
  - 6.1.2 入出港計画 82
  - 6.1.3 入出港操船における一般的注意事項 85
- 6.2 係岸施設と係船浮標 85
  - 6.2.1 係岸施設 85
  - 6.2.2 係船設備 88
  - 6.2.3 係船浮標 89
- 6.3 錨泊法 90
  - 6.3.1 把駐力と錨鎖伸出量の算定 90
  - 6.3.2 錨泊法 92
  - 6.3.3 特殊な錨作業 97
  - 6.3.4 一般操船時の錨の利用 98
- 6.4 タグの操船上の利用 100
  - 6.4.1 操船援助用タグの種類と特性 100
  - 6.4.2 タグのとり方 101
  - 6.4.3 タグの使用に伴う本船の運動 103
  - 6.4.4 操船に必要なタグの量 104
  - 6.4.5 タグ使用上の注意事項 105
- 6.5 サイドスラスタの操船上の利用 106
- 6.6 ブイ係留および解纜法 107
  - 6.6.1 ブイ係留の方法 107
  - 6.6.2 1点ブイ係留および解纜法 108
  - 6.6.3 大型タンカーの浮標式シーバースへの係留 111
- 6.7 係岸および離岸法 112
  - 6.7.1 係留索の名称と役割 112
  - 6.7.2 係岸, 離岸操船に関する一般的注意事項 113

6.7.3	係岸操船法	114
6.7.4	離岸操船法	118
6.7.5	大型タンカーのドルフィンバースへの係留	119

第7章 特殊運用 123

7.1 荒天運用 123
    7.1.1 波浪と船体動揺 123
    7.1.2 安定性の保持 126
    7.1.3 横揺れに伴う危険現象 130
    7.1.4 向かい波中の危険現象 130
    7.1.5 追い波中の危険現象 132
    7.1.6 追い波中の操船ガイドライン 134
    7.1.7 空船航海 136
    7.1.8 荒天準備と荒天操船 138
    7.1.9 台風避航法 140

7.2 荒天錨泊 141
    7.2.1 単錨泊中の船体の振れ回り運動と錨鎖張力 141
    7.2.2 荒天守錨 142

7.3 特殊水域などにおける操船 147
    7.3.1 狭い水道などにおける操船 147
    7.3.2 河江における操船 150
    7.3.3 礁海における操船 152
    7.3.4 氷海における操船 153
    7.3.5 水先人を乗下船させる場合の操船 155

7.4 海難救助 157
    7.4.1 海難救助体制 157
    7.4.2 国際航空海上捜索救助マニュアル 160
    7.4.3 転落者救助 170

索引 175

第❶章
舵の働きと操縦性能

1.1 舵に働く力

1.1.1 舵の概要

通常よく使われる舵は対称翼型の断面形状を持つものが多い。このような形状の舵を流れの中に置き，ある迎角を持たせると揚力が発生する。この力を利用することにより船の針路を変更し（変針），また，風や波などの外乱に対し船の針路を安定に保つ（保針）のが舵の役割である。

舵はその断面形状から単板舵（single plate rudder）と複板舵（double plate rudder）に，舵圧による舵軸周りのモーメントの釣り合わせ方から，舵軸を舵圧中心付近に置いた釣合舵（balanced rudder）と，舵軸を舵の前縁に置いた不釣合舵（unbalanced rudder），および釣合舵の上半部を不釣り合いとした半釣合舵（semi-balanced rudder）に分類される。

(a) 釣合舵　　(b) 半釣合舵
図1.1　舵の装備形式

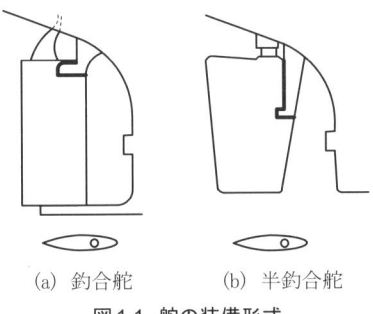

現在は，断面形状を流線形の対称翼型とした複板舵が広く用いられており，輪郭形状も長方形と鋤形が多い（図1.1）。

1.1.2　舵の単独性能

舵を単独で流速 U_R の一様な流れの中に置いて迎角（angle of attack）α を持たせると，舵の前面では流圧が増加し（正圧が生じる），背面では減少する（負圧が生じる）ため，舵の両面における圧力差により舵力（rudder force）F が発生する。

舵力は，舵の中心線に沿う接線力 F_T と，これに直角な舵直圧力（normal force of rudder）F_N，および流れの方向に沿う抗力（drag）F_D と，これに直角な揚力 F_L に分けられるが，通常の舵では接線力は小さく，変針，保針といった船の運動を制御するための舵力としては，舵直圧力を考えればよい[(1.1)]とされている（図 1.2）。

舵の単独性能は，舵面積の他，アスペクト比，断面形状，輪郭形状といった翼としての舵の幾何学的形状により決定される。

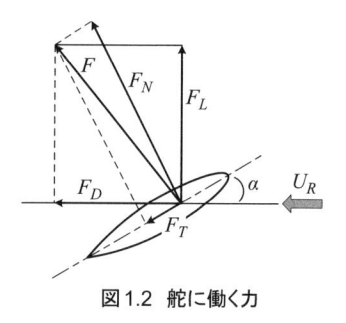

図 1.2　舵に働く力

(1) 舵のアスペクト比

舵の縦寸法と横寸法の比を

$$\Lambda_R = h/l \text{（または } \Lambda_R = h^2/A_R\text{）} \tag{1.1}$$

で表し，舵のアスペクト比（aspect ratio）あるいは縦横比という。ただし，h：舵の高さ [m]，l：舵のコード長さ [m]，A_R：舵面積 [m^2] である。

迎角を持たせた舵の上端と下端では，流圧の高い側（前面）から流圧の低い側（背面）に向かう両面の圧力を均等にしようとする水の流れができて自由渦が生じる。自由渦は舵の背面の負圧を減少させるので舵力が減少する。これを端縁影響といい，舵面積および迎角が一定の場合，アスペクト比の小さい横に長い舵ほど端縁影響が大きい。

したがって，この見地からはアスペクト比の大きい縦に長い舵ほど有利であるが，実船では喫水および船尾形状により寸法の制約を受ける。

(2) 舵の断面形状

単板舵に比較し，対称翼型断面形状の舵は釣り合いを良好にでき，操舵機の馬力が小さくて済み，旋回性能への影響も少ない。

対称翼型断面形状の舵では，断面の厚さと横寸法の比を 0.12〜0.18 とした舵の揚力が大きく，断面形状として望ましいとされている。

(3) 舵の輪郭形状

長方形，鋤形など通常用いられている形状であれば，単独性能に対する舵輪郭形状の差異の影響は小さいとされている。

1.1.3 船尾舵の性能

実船の舵は船尾のプロペラの後方に置かれるので，船体とプロペラの影響を受け，舵への水の流入速度は船速と異なる。また，操舵に伴う船体運動も水の流入速度と流入角を変化させる。

船が航走することによる相対的な水の流れ（船速）は，船体伴流により減速されて船尾に達した後，プロペラにより加速されて舵へ流入する。すなわち，船体伴流は舵直圧力を減少させ，プロペラ後流は舵直圧力を増加させる効果を持つ。

操舵を行うことによる船体の横流れ，および旋回（スウェイおよびヨー運動）は，水の舵への流入角（有効流入角）を指示舵角よりも減少させるように働く。

1.1.4 高揚力舵

(1) フラップラダー（flap rudder）

主舵の後部に取り付けたフラップにより高い揚力の発生を可能とした舵である（図 1.3 (a)）。フラップの駆動方式により，シングルロッド方式とダブルロッド方式に分類される。各フラップ駆動方式における主舵の舵角とフラップ角の関係を図 1.3 (b) に示す。シングルロッド方式（A）のタイプの舵では，主舵の舵角 45 度においてフラップ角が 45 度となるように設定されている。シ

ングルロッド方式（B）のタイプの舵では，主舵の舵角 35 度においてフラップ角が 55 度となるように設定されており，小舵角でのフラップ角が大きく，小舵角での舵効が強い．これに対し，ダブルロッド方式の舵では，フラップ角はほぼ主舵の舵角に比例して大きくなり，小舵角での舵効が過度に大きくなく，通常舵とほぼ同様の操舵が可能である．

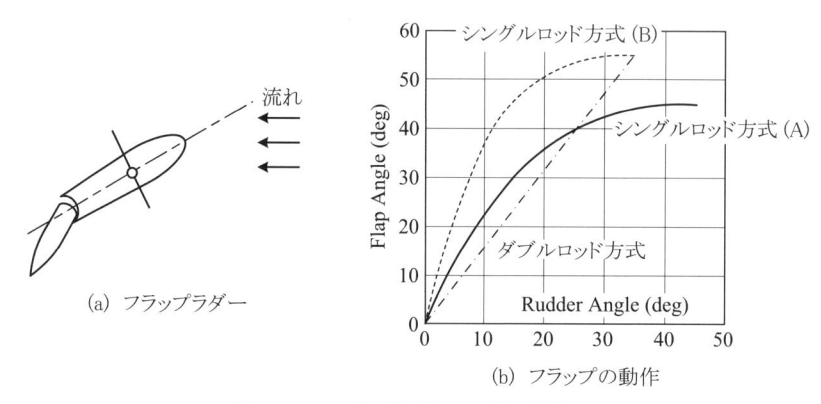

図1.3 フラップラダーとフラップの動作

(2) フィッシュテールラダー（fish-tail rudder）

図 1.4 に示すように，舵の後縁部断面形状をフィッシュテール型とした舵であり，一般に揚力係数を向上させるため舵板の上下に端板が取り付けられている．舵効を舵角に対する舵直圧力係数の勾配で比較した場合，フィッシュテールラダーは通常舵の 1.2～1.4 倍程度となり，通常の操舵角の範囲でも舵効が良いのに加え，舵角約 70 度での操舵が可能である．

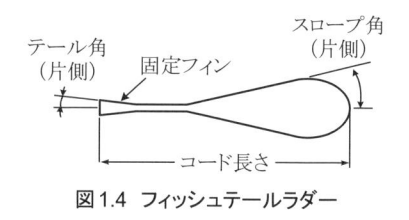

なお，この形式の舵を装備する場合，大舵角まで操舵可能なロータリーベーン型の特殊な操舵機が必要となる．

図1.4 フィッシュテールラダー

1.2 操舵に対する船の応答

1.2.1 操縦運動方程式と操縦性指数

船が直進中,ある舵角で操舵を行った場合の船体運動は,次の簡単な式(一次系近似の線形操縦運動方程式)により近似的に表すことができる[1.2]。

$$T\dot{r} + r = K\delta \tag{1.2}$$

ただし,δ:舵角,r:回頭角速度,$\dot{r}$:回頭角加速度,記号 $[\cdot]$:時間微分 d/dt である。

K および T は,船の操縦性を定量的に表現する定数であるところから,操縦性指数(maneuverability index)と呼ばれる。

(1) 旋回性を表す指数 K

舵中央で直進中,瞬時に舵角を δ_0 として以後この舵角を保持する場合(これをステップ操舵という)の回頭角速度,および回頭角の時間変化を考える。

$t = 0$ において $r = 0$ の初期条件を与え,(1.2) 式を回頭角速度 r について解けば

$$r = K\delta_0 \left(1 - e^{-t/T}\right) \tag{1.3}$$

となる。

また,$r = \dot{\psi}$ であるので (1.2) 式を回頭角 ψ について解けば

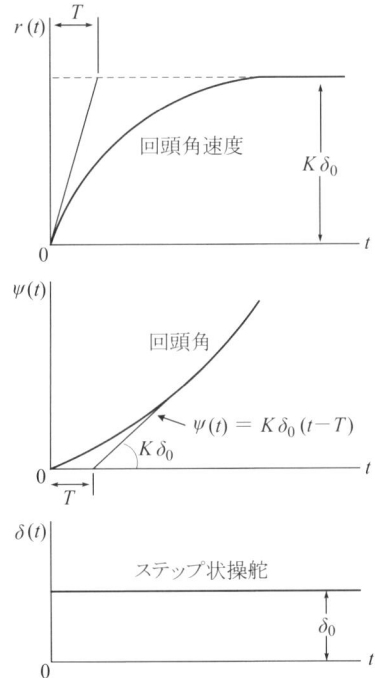

図1.5 ステップ操舵に対する応答

$$\psi = K\delta_0 \left(t - T + T \cdot e^{-t/T}\right) \tag{1.4}$$

となる。

したがって，時間の経過に伴い回頭角速度と回頭角は図1.5のように変化する。

(1.3) 式において，$t \to \infty$（時間が十分に経過した状態を意味する）とすれば $r \to K\delta_0$ となり，操舵後十分な時間が経過すれば回頭角速度は $K\delta_0$ なる値に落ち着くことを示す。このとき K が大きいほど最終回頭角速度が大きく，旋回性が良いといえる。

このように，K はある舵角で旋回するときの最終回頭角速度の大小，すなわち旋回性の優劣を決定するので，K を旋回性指数（ゲイン定数）と呼び，船の旋回性の良否を代表させている。

(2) 追従性または針路安定性を表す指数 T

(1.3) 式により回頭角速度 r の時間変化を考えると，T が小さければ小さいほど $e^{-t/T}$ が早く0に近づくため，r は早く一定値 $K\delta_0$ に達することを示す。すなわち，操舵を行ってから最終回頭角速度に到達するのに要する時間は T によって決定され，T が小さいほど操舵効果が早く現れるといえる。

このように，T は操舵に対する応答の速さの度合いを決定するので，T を追従性指数（時定数）と呼び，船の追従性の良否を代表させている。

次に，舵中央で直進中ごくわずかな外乱が瞬間的に作用した場合の回頭角速度の時間変化を考える。

(1.2) 式において $\delta = 0$ とすれば

$$T\dot{r} + r = 0 \tag{1.5}$$

$t = 0$ において $r = r_0$ の初期条件を与え (1.5) 式を回頭角速度 r について解けば

$$r = r_0 \cdot e^{-t/T} \tag{1.6}$$

となる。

(1.6) 式において，$t \to \infty$ としたとき，$T > 0$ ならば r は0に収束し，$T < 0$ ならば r は発散する（図1.6）。

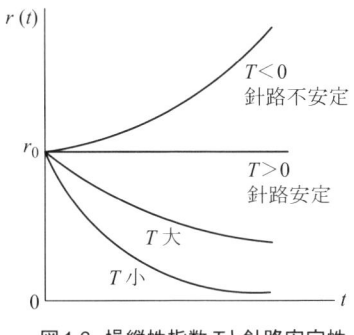

図1.6 操縦性指数 T と針路安定性

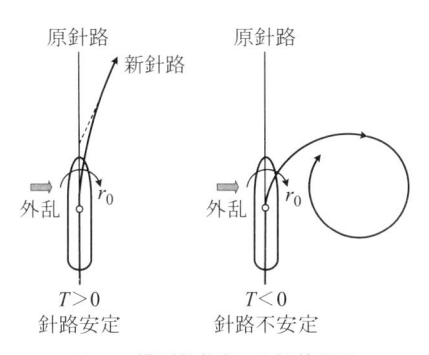

図1.7 操縦性指数 T と船体運動

　すなわち，T が負の場合，初期のごくわずかな外乱が時間の経過とともに際限なく発達するが（針路不安定），T が正の場合，初期の外乱は時間の経過とともに減衰する（針路安定）。このとき T が小さいほど減衰が速い。以上を船体軌跡で示せば図1.7となる。このことから，T は追従安定指数とも呼ばれる。

1.2.2　T，K の大小と操縦性

　操舵に対する船の応答は，操縦性指数 T，K の大小によって図1.8に示す4通りのタイプに分類できる。

　A：T が小さく K が大きい，追従性も旋回性も良い船
　B：T が小さく K が小さい，追従性は良いが旋回性の劣る船
　C：T が大きく K が大きい，旋回性は良いが追従性の劣る船
　D：T が大きく K が小さい，追従性も旋回性も劣る船

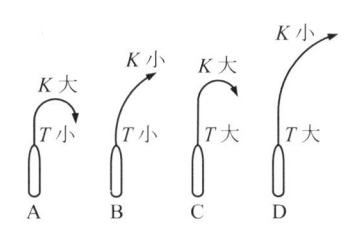

図1.8　操縦性の4つのタイプ

操縦性の良い船は A のタイプ，すなわち K/T の値が大きい船であり，K/T の値が小さい D のタイプの船の操縦性は概して良くない。

1.2.3 操縦性指数の実例

操縦性指数 T，K は後に説明する Z 操縦試験（Zig-zag maneuver test：Z 試験とも略す）から求めるが，一般に，舵角 10°／回頭角 10° の Z 試験が標準とされている。これは，(1.2) 式として示した一次系近似の線形操縦運動方程式が保針操舵のようなあまり原針路から逸脱しない操縦運動を近似的に取り扱おうとするものであり，回頭角の大きい運動では実際の操縦運動をうまく表現できないことによる。

また，操縦性指数 T，K はそれぞれ $\sec^{-1}$，$\sec$ の次元を持つが，船速 V_S [m/sec] と船の垂線間長 L_{pp} [m] を用いて無次元化し

$$K' = K/(V_S/L_{pp})$$
$$T' = T \cdot (V_S/L_{pp})$$

のような無次元値として取り扱われるのが通例である。

試験水槽委員会[1.3]によれば，舵角 10° の Z 試験から得た K'，T' が表 1.1 に示す程度の値であれば，普通の操縦性を有する船と見て差し支えないとされている。

表1.1 実船の操縦性指数

船種	L_{pp} [m]	載貨状態	K'	T'
貨物船	100〜160	満載	1.5〜2.0	1.5〜2.5
タンカー	150〜250	満載	1.7〜3.0	3〜6

実船の操縦性指数の一例として，図 1.9 に肥えた船（大型タンカー）[1.4]および，やせた船（練習船）[1.5]における Z 試験結果を示す。

[第1章] 舵の働きと操縦性能　9

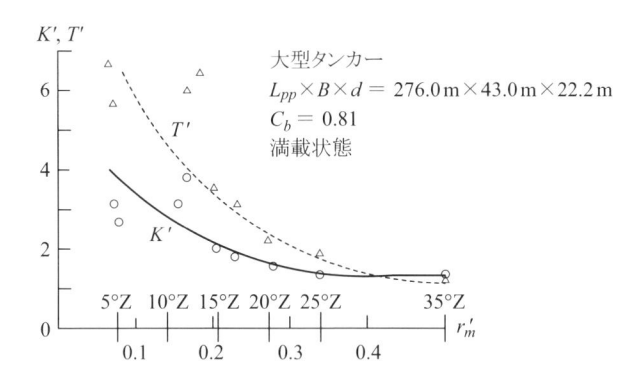

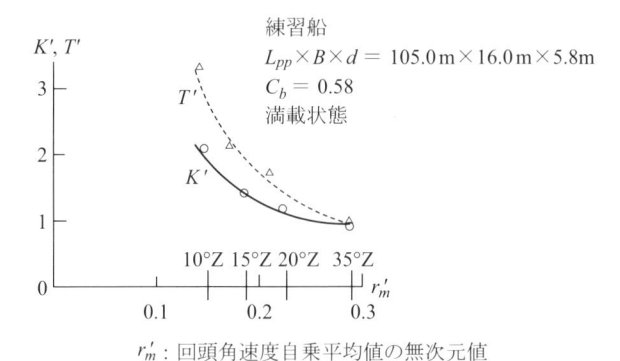

図1.9　Z操縦試験結果の例

大型タンカー
$L_{pp} \times B \times d = 276.0\,\mathrm{m} \times 43.0\,\mathrm{m} \times 22.2\,\mathrm{m}$
$C_b = 0.81$
満載状態

練習船
$L_{pp} \times B \times d = 105.0\,\mathrm{m} \times 16.0\,\mathrm{m} \times 5.8\,\mathrm{m}$
$C_b = 0.58$
満載状態

r'_m：回頭角速度自乗平均値の無次元値

1.2.4　操縦性指数の操船への利用

（1）通常の操舵に対する応答

　操舵に伴う舵角の変化はステップ状でなく，操舵を行ってから所定の舵角がとられるまでにある時間遅れを持つのが通常である。

　ここでは，所定の舵角 δ_0 がとられるまでの時間遅れが t_1 である場合の回頭角の時間変化を考える。

(1.2) 式を回頭角 ψ について解けば

$$\psi = K\delta_0 \left\{ t - \left(T + \frac{t_1}{2} \right) \right\} + \frac{K\delta_0}{t_1} T^2 \left(e^{t_1/T} - 1 \right) e^{-t/T} \qquad (1.7)$$

となる。

(1.7) 式において，時間が十分に経過した状態（$t \to \infty$）を考えれば第 2 項が消えて $\psi \to K\delta_0 \{t - (T + t_1/2)\}$ となり，船は，操舵後 $T + t_1/2$ だけ遅れて $K\delta_0$ なる回頭角速度で定常旋回を行うことを示す（図 1.10）。

このときの船速を V_S とすれば，船は操舵を行ってから $V_S(T + t_1/2)$ なる距離，すなわち，リーチ（reach）だけ直進した後，$V_S/K\delta_0$ なる半径で旋回するといったように，操縦性指数 T, K を用いて船体軌跡を模式的に表現することができる（図 1.11）。

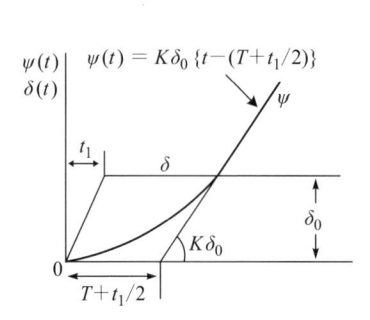

図1.10　通常の操舵に対する回頭角の変化

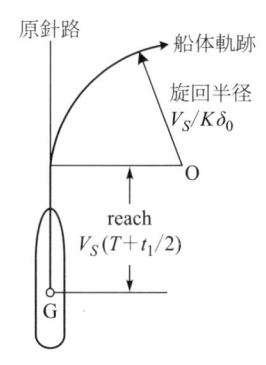

図1.11　T, K による船体運動の表現

(2) 新針路距離および回頭惰力の概算

変針にあたり，船を正確に次の針路に乗せるためには，操舵に対する応答の遅れを見込んで変針点より手前で転舵し，舵を中央に戻してから回頭が止むまでの惰性を考慮して新針路に入る前に舵を戻す必要がある。

図 1.12 において，転舵時の重心位置から原針路上で測った新旧針路の交点（変針点）までの距離を新針路距離（distance to new course）という。

図1.12 新針路距離

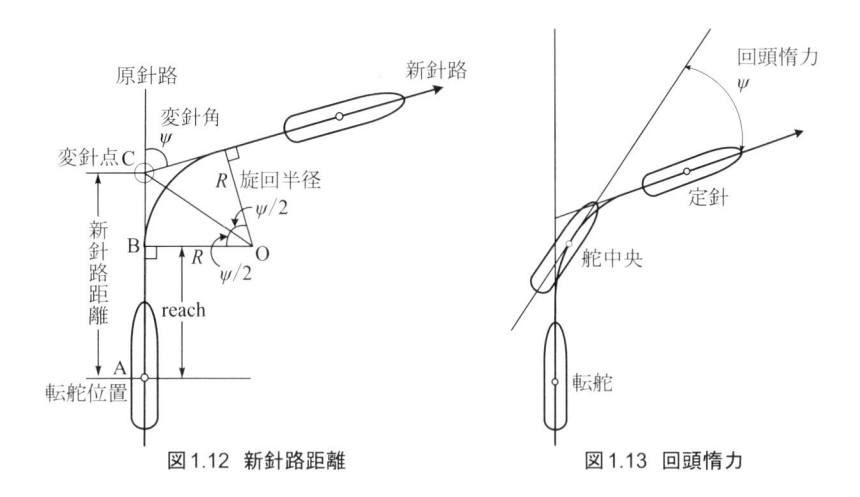

図1.13 回頭惰力

変針角 ψ に対する新針路距離 AC は

$$\text{AC} = \text{AB} + \text{BC} = (\text{reach}) + R\tan(\psi/2) \tag{1.8}$$

で表される。

ここで，前述したように reach $= V_S(T + t_1/2)$, $R = V_S/K\delta_0$ であるので，(1.8) 式は

$$\text{AC} = V_S\left(T + \frac{t_1}{2}\right) + \frac{V_S}{K\delta_0}\tan\frac{\psi}{2} \tag{1.9}$$

となり，T, K を用いて新針路距離の概略を知ることができる。

操舵回頭中，舵を中央に戻してから回頭が止み定針するまでの回頭角度を回頭惰力という（図1.13）。

舵を戻す直前の回頭角速度を $\dot{\psi}_0$ とすれば，舵中央となったときの回頭角速度 $\dot{\psi}(=r)$ は (1.6) 式より

$$\dot{\psi} = \dot{\psi}_0\, e^{-t/T} \tag{1.10}$$

となる。さらに，(1.10) 式を ψ について解けば

$$\psi = \dot{\psi}_0\, T\left(1 - e^{-t/T}\right) \tag{1.11}$$

となる。ここで，$t \to \infty$ の場合を考えれば (1.11) の式は

$$\psi = \dot{\psi}_0\, T \tag{1.12}$$

となり，T を用いて回頭惰力の概略を知ることができる。

1.2.5 針路安定性と保針性

図 1.6 に示したように，ある針路で航行中，一時的な外乱を受けて原針路から少しずれた場合，外乱が去ればそのまま直進する性質を持つ船（針路安定）と，外乱が去っても針路のずれがしだいに大きくなり，操舵による修正を行わなければついには旋回運動に達する船（針路不安定）がある。このような性質を針路安定性（course stability）または方向安定性（directional stability）といい，操縦性の良否を表す重要な指標である。

針路安定性の良否は，後述するスパイラル試験（direct spiral test），または逆スパイラル試験（reverse spiral test）によって得られる定常旋回角速度-舵角曲線（r-δ 曲線）から判定することができる。

一般に，コンテナ船のような方形係数 C_b の小さいやせ型の船に比べ，巨大タンカーのような C_b の大きい肥大船には針路安定性の劣る船が多い。

保針性（course keeping ability）とは，風，波などの外乱による針路のずれをそれが大きくならないうちに修正でき，所定の針路を保つことができる性質をいい，その船の針路安定性の他，操舵手の技量，コンパスを含む操舵装置の性能にも影響される。なかでも針路安定性の占める割合が大きく，事実上，保針性能は針路安定性の程度によって評価されると考えてよい。

1.3 旋回運動

1.3.1 旋回運動と用語

船が船中央で直進中，舵を一方にとってある舵角を保持すると図 1.14 に示すような旋回運動を行う。このときの重心の軌跡を旋回圏（turning circle）といい，船の操縦性を知るうえで重要な指標である。

旋回運動の経過は，次の 3 期に分けて説明することができる。

① 第1期
　操舵の直後，船は舵による回頭モーメントによって旋回を始めるが，重心は舵の横方向の力によりわずかに外方へ横流れしながら，ほぼ原針路方向に進行する。

② 第2期
　旋回が進み偏角（または横流れ角）β が大きくなるにつれ船体に働く水抵抗が増加する。このとき，水抵抗の作用点は重心より前方にあって舵による旋回を助長するように働き，船はしだいに回頭角速度を増しながら転舵側へ旋回してゆく。

③ 第3期
　回頭角速度が増すにつれ水抵抗の作用点は船尾方向へ移動していき，ついには重心より少し後方に位置するようになって，水抵抗のモーメントと舵による回頭モーメントが釣り合い，船はある偏角を保ったまま一定の回頭角速度で定常旋回を行う。

　図1.14において，転舵時から船体が 90° 回頭するまでの原針路上で測った重心の進出距離を旋回縦距（advance），原針路からの横偏位距離を旋回横距（transfer）という。また，原針路上で測った重心の最大進出距離を最大縦距（maximum advance）という。

　船体が 180° 回頭したときの原針路からの横偏位距離を旋回径（Tactical Di-

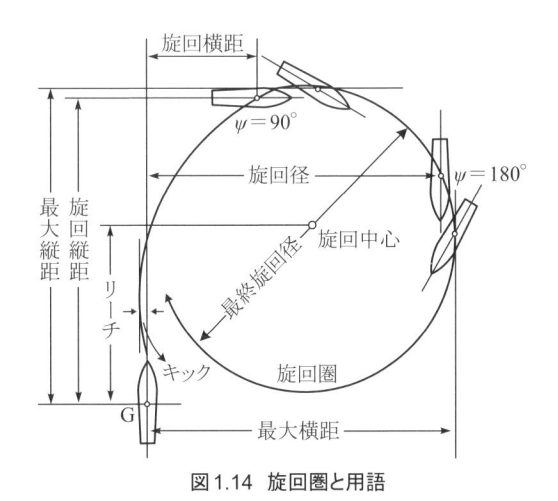

図1.14　旋回圏と用語

ameter：TD），最大の横偏位距離を最大横距（maximum transfer）という。一般に，旋回圏の大きさは旋回径で表示される。

　船体が定常旋回に達した後の旋回円の直径を最終旋回径（final diameter），原針路上で測った転舵時の重心位置から最終旋回円の中心までの距離をリーチ（reach）または心距という。

1.3.2　キック

　旋回の初期において，船体は舵の横方向の力により転舵舷とは反対側へ押し出される。このときの原針路から測った重心の横偏位量をキック（kick）という[1.6]。

　キックの量は船の長さの1/100程度であり，操船上ほとんど問題とならないが，船尾端の振出し量（船尾キック：stern kick）は，最大舵角ではおよそ船の長さの1/7にも達する[1.7]ので注意を要する（図1.15）。

　操船上，船尾キックが有利に働く場合と不利に働く場合がある。すなわち，人が舷外へ転落したとき，転落者側に舵をとってプロペラへの捲込みを避けるのは，船尾キックを有利に利用する例であり，係留中の他船の至近距離を航行中，急に大舵角で転舵すると船尾の接触などの事故を起こすことがあるのは，船尾キックが不利に働く例である。

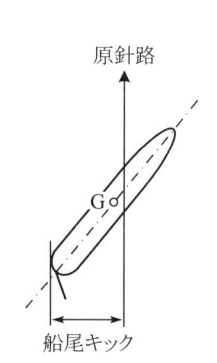

図1.15　操舵に伴う船尾の振り出し

1.3.3　偏角と転心

　図1.16において，船の重心の移動速度 U の方向が船首尾線となす角 β を偏角（drift angle または横流れ角）という。

　旋回圏の曲率の中心 O から船首尾線に下した垂線の足を P とすれば，P における旋回速度は船首尾線方向のみで船首尾線に直角な横流れ成分はない。し

[第1章] 舵の働きと操縦性能　*15*

たがって，旋回中の船はあたかもP点を軸として回転しているように見えるので，これを転心（pivoting point）という。

一般に，前進旋回時の転心は重心の前方 $1/4 \sim 1/3 L_{pp}$ の位置にある[(1.8)]が，後進旋回時には，重心に対し前進旋回時の転心の位置とほぼ対称の船尾寄りの位置にある。

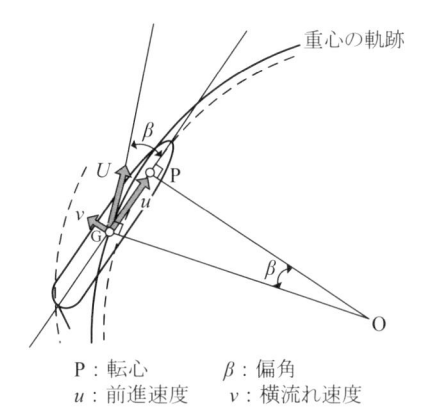

P：転心　　β：偏角
u：前進速度　　v：横流れ速度

図1.16　偏角と転心

1.3.4　旋回中の速力低下

船が旋回するときの速力は，旋回の初期にはほとんど変化しないが，旋回が進むにつれしだいに減少し，定常旋回に入って一定となる。

旋回中に速力が低下するのは，船体の横流れに伴う水抵抗の増加とプロペラ効率の低下，舵に働く抗力，旋回に伴う遠心力の影響に起因する。

図1.17に示すDavidsonの実験[(1.9)]に見られるように，速力の低下する割合は旋回径が小さいほど大きい。

一般に，超大型船のような方形係数 C_b の大きい肥大船は旋回性が良いので，C_b の小さいやせ型の一般貨物船に比較して旋回中の速力低下が大きい。

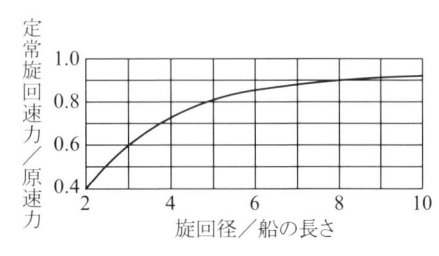

図1.17　旋回径と減速率

1.3.5　旋回中の横傾斜

旋回運動に伴い船体の横傾斜が生じる。

旋回時の横傾斜は，時間の経過とともに図1.18に模式化して示すように変

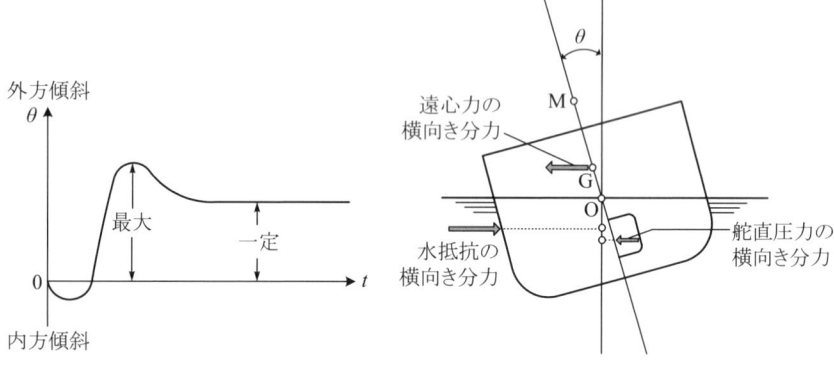

図1.18 旋回中の横傾斜の変化

図1.19 定常旋回中の横傾斜

化する。すなわち，操舵した直後，船体は舵の直圧力により旋回中心側に少し傾く（内方傾斜）。やがて旋回運動が発達するにつれ遠心力が生じ，傾斜はしだいに旋回中心と反対側へ移る（外方傾斜）。傾斜が内方から外方へ移行する際には，船体の慣性力により過渡的に大きな外方傾斜を起こすので，復原力の小さい船では注意を要する。船が定常旋回に入り遠心力が一定となると外方傾斜も一定値に落ち着く（図1.19）。

一般商船では内方傾斜の持続する時間は短く，傾斜角も小さい。

定常旋回中の傾斜角 θ は，次式により概算することができる。

$$\tan\theta = \frac{V_S^2}{gR} \cdot \frac{\text{OG}}{\text{GM}} \tag{1.13}$$

ただし，V_S：旋回速度 [m/sec]，g：重力加速度，R：旋回半径 [m] である。

（1.13）式に示すように，傾斜角は旋回速度の2乗に比例するので，高速船ほど傾斜が大きい。また OG が大で GM の小さい船が，小さい旋回径で旋回する場合も傾斜が大きくなる。

一般に，コンテナ船のような高速で重心の高い船型では，旋回時の横傾斜が大きい。

1.3.6 旋回運動に影響する諸要素

　旋回性能は風潮など外力の影響や，後に述べる浅水影響により大きく変化するが，ここでは十分な水深があり外乱のない状態での旋回性能に影響する諸要素について説明する。

(1) 船型

　図 1.20 に示す模型実験例 [1.10] に見られるように，方形係数 C_b の小さいやせた船に比べ C_b の大きい肥えた船ほど旋回径が小さく，旋回性が良いといえる。

　これは C_b の小さい船では旋回時に重心の鉛直軸周りの慣性モーメントが大きくなり，回頭に対する水抵抗も大きくなることによる。

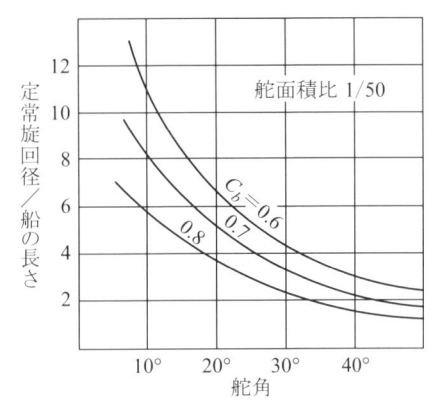

図1.20　旋回径に及ぼす船型と舵角の影響

(2) 水線下側面形状

　水線下，とくに船首尾の側面形状が旋回性に影響する。

　船尾のカットアップ（cut up）は，旋回性を良くするが追従・安定性は悪くなる。逆に船尾力材（after-deadwood）は，追従・安定性を良くするが旋回性は悪くなる。

(3) 舵面積

　船体の水線下縦断面積（$L_{pp} \times d$）に対する舵面積（A_R）の比，$A_R/(L_{pp} \cdot d)$ を舵面積比（rudder area ratio）といい，これを大きくすれば舵力を増すので旋回性は良くなる。舵面積比の増加は追従安定性の改善にも寄与する。

(4) 舵角

　一般に，舵角を大きくすれば舵力を増すので旋回径は小さくなる。しかし，

図1.20の模型実験例に見られるように，ある程度以上舵角が大きくなると速力の損失が大きくなるため，舵角の増加に対し旋回径の減少する割合は著しく低下する。一般商船では，最大舵角を35°とするのが通例であるが，これ以上の舵角でなお旋回性の向上が期待できる場合には，最大舵角を40°程度とすることがある。

(5) トリム

トリムの変化は水線下の側面形状を変えたのと同じ効果を持ち，旋回性に影響する。図1.21の模型実験例[(1.11)]に見られるように，even keelの状態と比較して船尾トリムでは旋回径が大きくなり，船首トリムでは小さくなる。これは，トリムの変化に伴い旋回時の水抵抗中心が前後に移動するが，水抵抗中心が船首寄りに移るほど船は旋回しやすくなることによる。

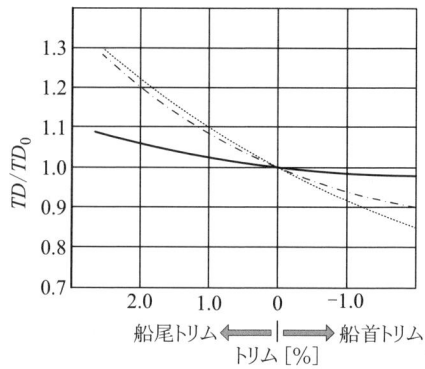

TD：旋回径
TD_0：even keel 時の旋回径

図1.21 旋回径に及ぼすトリムの影響

(6) 速力

一般商船の速力の範囲では，旋回径はさほど速力に影響されないとされている。

1.3.7 旋回性能の実例

(1) 通常舵

タンカー，撒積船，自動車専用船（Pure Car Carrier：PCC），コンテナ船など通常舵を装備した代表的な船型について，海上試運転による旋回性能の測定結果を表1.2に例示する。

[第1章] 舵の働きと操縦性能

表1.2 旋回性能の実例

船種	$L_{pp} \times B \times d$ [m]	DW など	載荷状態	trim	advance/L_{pp} 右旋回	advance/L_{pp} 左旋回	transfer/L_{pp} 右旋回	transfer/L_{pp} 左旋回	TD/L_{pp} 右旋回	TD/L_{pp} 左旋回
コンテナ船	210×32.2×11.5	2200 TEU	B	3.18 B/S	3.37	3.33	1.83	1.66	3.95	3.63
コンテナ船	228×32.2×12.5	3000 TEU	B	2.73 B/S	3.33	3.52	1.91	2.21	4.46	4.80
PCC	175×32.2× 9.0	5000 台	B	—	3.25	3.10	1.64	1.55	3.88	3.45
プロダクトキャリア	165×30.0×11.0	3.5 万トン	B	0.70 B/S	3.31	3.22	1.47	1.21	3.17	2.81
VLCC	305×53.0×19.6	23.3 万トン	F	0.12 B/S	3.20	3.25	1.37	1.38	3.32	3.35
撒積船	213×32.2×18.3	6.9 万トン	B	3.79 B/S	2.62	2.59	1.05	0.95	2.49	2.34
撒積船	290×47.5×25.0	19.4 万トン	B	4.17 B/S	2.65	2.68	1.10	1.16	2.74	2.79
鉱石船	280×46.0×17.2	16.9 万トン	B	2.70 B/S	2.70	2.61	1.33	1.15	2.90	2.55
LNG 船	268×44.2×11.5	6.9 万トン	B	—	2.93	2.75	1.15	1.05	2.64	2.44
多目的貨物船	180×28.3×15.4	3.9 万トン	B	3.36 B/S	3.05	3.14	1.41	1.60	3.06	3.54

注) B:ballast, F:full, B/S:trim by the stern を示す.

(2) 高揚力舵

表 1.3 は,それぞれ通常舵,フラップラダー,フィッシュテールラダーを装備したほぼ同一船型の 5800 総トン型練習船 3 隻について,海上試運転による旋回性能の測定結果を比較したものである.通常舵に比べフラップラダー,フィッシュテールラダーでは縦距,旋回径とも小さくなっており,高揚力舵の装備により旋回性能が向上することがわかる.

表1.3 旋回性能に及ぼす高揚力舵の効果

$L_{pp} \times B \times d$ [m]	排水量 [ton]	trim	舵	advance/L_{pp} 右旋回	advance/L_{pp} 左旋回	TD/L_{pp} 右旋回	TD/L_{pp} 左旋回
115×17.0×5.80	5,321	1.47 B/S	通常舵	4.26	3.70	4.68	3.77
105×17.9×5.88	5,727	0.32 B/S	フラップ舵	3.20	3.27	3.17	3.10
105×18.0×5.73	5,802	0.92 B/S	フィッシュテール舵	2.85	2.81	3.30	2.67

速力:Navigation Full, 舵角 35°

1.4 操縦性試験と IMO 操縦性基準

海上試運転で行われる操縦性試験には，旋回試験（turning test），Z 操縦試験（Zig-zag maneuver test），スパイラル試験（direct spiral test）または逆スパイラル試験（reverse spiral test）および後に説明する停止試験などがある。

操縦性試験は，十分な水深を有しできる限り外乱の少ない場所において，満載状態で行うのが望ましい。

1.4.1 旋回試験

常用出力または連続最大出力で航行中，最大舵角をとって船を旋回させ，その旋回圏を測定することにより図 1.14 の諸要素を求める。

一般に，舵角は 35° を標準とし右旋回および左旋回について試験を実施する。最大舵角が 35° 以上の船については最大舵角で実施する。また，風潮の影響を修正する必要があるため船を 540° まで旋回させるのが一般的である。

1.4.2 Z 操縦試験

標準的な Z 操縦試験である舵角 10°／回頭角 10° の試験方法について説明する（図 1.22）。

船を一定針路で直進させ右舵角 10° をとる。船が原針路から右へ 10° 回頭したとき（$t = t_2$）左舵角 10° をとる。船は左舵をとったあとも惰性によって右回頭を続けるが，しだいに回頭角速度が減じ，やがて右回頭が止まって（$t = t_e$）左回頭を始める。t_e における回頭角から 10° を減じた値（α_1）を第 1 オーバーシュート角（first overshoot angle）という。

次に左回頭がしだいに発達し，原針路から左へ 10° 回頭したとき（$t = t_4$）再び右舵角 10° をとる。このような操舵を最低 4 回まで繰り返して試験を終了する。なお，$t = t'_e$ における回頭角から 10° を減じた値（α_2）を第 2 オーバーシュート角（second overshoot angle）という。

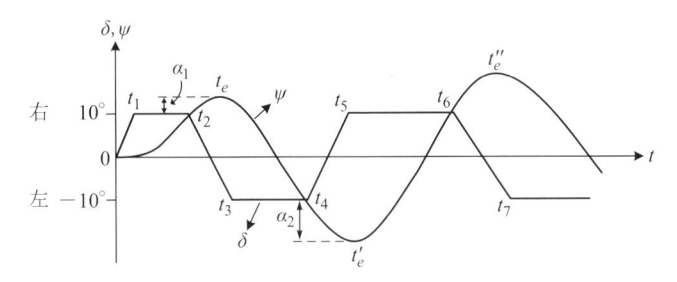

図 1.22 10°Z 操縦試験

　一般に，船を直進させるためにはある当て舵量 δ_r を必要とするのが通例である。そこで，Z 操縦試験結果から操縦性指数 T，K を求める場合，δ_r を考慮した次の一次系近似の線形操縦運動方程式が用いられる。

$$T\dot{r} + r = K(\delta + \delta_r) \tag{1.14}$$

　この式により T，K を定めるには，たとえば，(1.14) 式を時間 t で積分して T，K に関する連立方程式を導き，これを T，K について解く方法[(1.12)]によればよい。

1.4.3　スパイラル試験

　次に示す方法により定常旋回角速度-舵角曲線（r-δ 曲線）を求め，定常旋回特性からその船の針路安定性の程度を知ろうとする試験である。

　船が定常状態で直進中，右最大舵角をとり定常旋回に達するまで保持して定常旋回角速度を測定する。以後，5°程度の割合で舵角を順次変化させながら左最大舵角となるまで，それぞれの舵角に対応する定常旋回角速度を測定する。左最大舵角に達したなら再び右最大舵角となるまで同様の試験を繰り返す。

　なお，右舵角 5°→ 左舵角 10°および左舵角 5°→ 右舵角 10°の区間では，5°より細かい割合で舵角を変化させ，より厳密な測定を行う。

　図 1.23 に針路安定な船と針路不安定な船の r-δ 曲線を模式化して示す。

(a) 針路安定   (b) 針路不安定

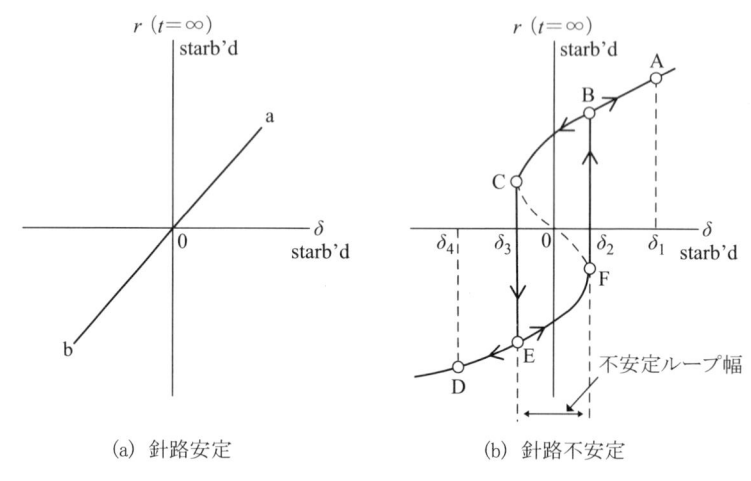

図1.23 定常旋回特性と針路安定性

針路安定な船は a-b のような直線形の定常旋回特性を示すが，針路不安定な船では ACFD のように S 字形となる。

針路不安定な船において右旋回の状態から $\delta_1 \to \delta_2 \to \delta_3 \to \delta_4$ と舵角を変化させると，定常旋回角速度は A→B→C→E→D のように変化する。とくに，δ_3 の前後では舵角がごくわずか変化するだけで右旋回から左旋回に移行してしまう不安定な回頭現象が現れる。左旋回の状態から $\delta_4 \to \delta_3 \to \delta_2 \to \delta_1$ と変化させた場合も δ_2 の前後において同様の不安定な回頭現象が現れる。この BCEF で構成されるヒステリシスループ (hysteresis loop) を不安定ループと呼ぶ。不安定ループ幅 δ_2-δ_3 の大きい船ほど針路安定性が劣る。

スパイラル試験では，不安定ループ内の小舵角に対応した定常旋回角速度を求めるのにかなりの時間がかかる。このため，あらかじめ不安定ループ内の旋回角速度 r をいくつか設定しておき，旋回角速度が設定値と等しくなるように周期的な操舵を行って適当な時間にわたる平均舵角 δ を測定する方法をとることがある。これを逆スパイラル試験といい，図 1.23 に示した不安定ループ幅を比較的簡単に求めることができる。

1.4.4 IMO 操縦性基準

IMO（International Maritime Organization：国際海事機関）では，旋回性能（turning ability），初期旋回性能（initial turning ability），回頭制動性能（yaw checking ability），針路安定性能（course keeping ability）および停止性能（stopping ability）について基準を定めている（表 1.4）。

① 旋回性能

最大舵角での旋回試験における縦距（advance）および旋回径（Tactical Diameter：TD）で評価する。

② 初期旋回性能

10°Z 操縦試験における最初の 10° 回頭時点までの航走距離（track reach）で評価する。

③ 回頭制動性能および針路安定性能

10° または 20°Z 操縦試験におけるオーバーシュート角で評価する。

表 1.4　IMO 操縦性基準

性能	試験	操縦性基準
旋回性能	旋回試験	縦距＜4.5L 旋回径＜5.0L
初期旋回性能	10°Z 操縦試験	10°回頭までの航走距離＜2.5L
回頭制動性能および 針路安定性能	10°Z 操縦試験 　L/V＜10 sec 　10 sec＜L/V＜30 sec 　30 sec＜L/V	α_1＜10° α_1＜(5＋0.5(L/V))° α_1＜20°
	L/V＜10 sec 10 sec＜L/V＜30 sec 30 sec＜L/V	α_2＜25° α_2＜(17.5＋0.75(L/V))° α_2＜40°
	20°Z 操縦試験	α_1＜25°
停止性能	停止試験	停止距離＜15L 注2)

注1) L：船長（垂線間長），V：速力，α_1：1st overshoot angle, α_2：2nd overshoot angle
注2) 大型船（大排水量の船）については，20L を超えない範囲で主管庁が基準を定めることができる。

④ 停止性能

停止試験（緊急逆転停止：crash stop astern maneuver）における航走距離（track reach）で評価する。

1.5 操舵法

操船者は，針路を変更し（変針：altering course, changing course），針路を安定に保つ（保針：keeping course）ため操舵手に種々の操舵号令（wheel order）を与える。操舵手は操舵号令を復唱した後，指示された操舵を行い，操船者は号令どおりの操舵が行われたかどうかを確認する。

ここでは，IMO勧告の標準操舵号令（standard wheel orders）[1.13] に基づく操舵の実際について説明する。

通常の変針は，図1.24の要領で行われる。

① "Starboard ten" のように Starboard または Port のあとに 5°，10°…，25° といった所要舵角を付して号令し，所定の方向に舵をとらせる。

　　右一杯または左一杯に舵をとる必要があれば "Hard-a-starboard"，"Hard-a-port" と号令する。

② すでに指示した舵角を減じてゆっくり回頭させたい場合は，"Ease to five" のように Ease to のあとに 5°，10°，…といった舵角を付して号令する。

③ 船首が所定の針路に近付けば "Midships" と号令し，舵中央とする。

④ 舵中央とした後，所定の針路にさらに近づき，できるだけ早く回頭惰力を減じたいときは "Steady" を令する。操舵手は号令を復唱し，少量の当て舵をとって船首の振れを抑える。

⑤ 船首が所定の針路に向いたなら "Steady as she goes" を令する。操舵手は号令を復唱するとともに，号令を受けたときのコンパスの指度を告げてこれに船首を向ける。船が指示された針路に安定したなら "Steady on 123°（one two three）" の要領で報告する。

小角度変針を ①〜⑤ の手順で行うのは能率的ではなく，操船者は操舵手にとるべき針路のみを指示する場合が多い。

操船者は，"Starboard, steer 082°（zero eight two）" のように舵をとるべき方向と針路を合わせて令する。操舵手は号令を復唱し，指示された針路に船を向ける。船が指示された針路に安定したなら，操舵手は "Steady on zero eight two" と報告する。

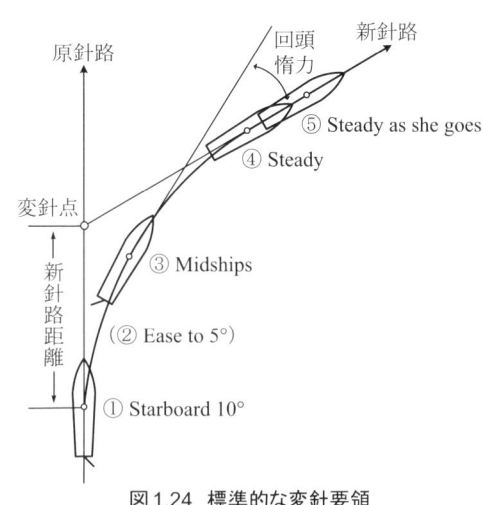

図1.24 標準的な変針要領

狭い水道や港内を航行する場合には，頻繁に変針を繰り返すことが多く，風潮などの外乱に対しても厳重に針路を保持する必要がある。

このようなときには，船の前方に適当な目標を選び（船首目標）これを操舵目標として操舵手に針路を指示する方法がとられる。

操船者は "Steer on No.1 buoy" のように船首を向けるべき目標を指示する。操舵手は号令を復唱し，船が指示された操舵目標の方向に安定したなら "Steady on No.1 buoy" と報告する。

【参考文献】

(1.1) 葛西，湯室：MMG 報告— III「舵に作用する力と船体・プロペラとの干渉」日本造船学会誌，第 578 号（1977）
(1.2) 野本，田口：「船の操縦性について (2)」造船協会論文集，第 101 号（1957）
(1.3) 造船協会試験水槽委員会操縦性分科会：「実船操縦性試験法の標準」造船協会誌，第 442 号（1966）
(1.4) 川野，村田，松岡，安井：「操縦性試験における実船模型船の相関実例」造船協会論文集，第 113 号（1963）
(1.5) 著者：未発表

(1.6) 造船学会:『船舶工学便覧』第1分冊,コロナ社（1976）
(1.7) 本田:『操船通論』成山堂書店（1986）
(1.8) 同上
(1.9) Davidson K.：On the Turning and steering of ships, TSNAME（米国造船造機学会論文集）(1944)
(1.10) 志波,水野,富田,江田:「模型船による最適舵面積の研究」造船協会論文集,第105号（1959）
(1.11) 関西造船協会:『造船設計便覧』海文堂出版（1976）
(1.12) 前出（1.3）
(1.13) 松田:『IMO標準航海用語集』海文堂出版（1983）

第❷章 推進機関と操船

2.1 出力と効率

2.1.1 主機出力

船に装備される主機(main engine)の出力には次の4種類がある。

① 常用出力(normal output)
   航海速力を得るために常用する出力で,機関の効率および保守などの点でも最も経済的な出力とする。

② 連続最大出力(maximum continuous output)
   機関が安全に連続使用できる最大の出力で,機関,動力装置,軸系などの強度計算の基礎となり,主機の呼び出力となる。
   また,連続最大出力の定格値を連続最大定格(Maximum Continuous Rating:MCR)という。

③ 過負荷出力(overload output)
   機関が連続最大出力を超えて短時間発揮できる出力をいう。

④ 後進出力(astern output)
   船の後進時における最大出力をいう。

主機出力の大きさは,仕事率(kW)を単位として,次により表示される。

① 制動馬力(Brake Horsepower:BHP)
   機関主軸の出力端から伝えられる馬力をいい,主として内燃主機について使用する。

② 軸馬力（Shaft Horsepower：SHP）

推進軸系に伝えられる馬力をいい，主として蒸気タービン主機について使用する。

2.1.2 推進の出力と効率

主機出力がプロペラに伝達され，船がある速力で航走するまでには各種の機械的損失があるが，この間の推進に関する出力と効率を次のように表す。

① 伝達馬力（Delivered Horsepower：DHP）

主機からプロペラに伝達される出力をいい，主機出力から軸受，船尾管などの摩擦損失を差し引いたものである。

伝達馬力と主機出力との比を伝達効率といい，η_t = DHP/BHP（または DHP/SHP）で表す。

② スラスト馬力（Thrust Horsepower：THP）

プロペラが発生する推進出力をいう。

船尾に取り付けられたプロペラが発生するスラスト馬力と伝達馬力との比を船後プロペラ効率という。

③ 有効馬力（Effective Horsepower：EHP）

船が抵抗に打ち勝ってある速度で航走するために必要な正味の出力をいう。

有効馬力とスラスト馬力との比を船体効率といい，η_h = EHP/THP で表す。また有効馬力と伝達馬力との比を推進効率，有効馬力と主機出力（BHP または SHP）との比を推進係数という。

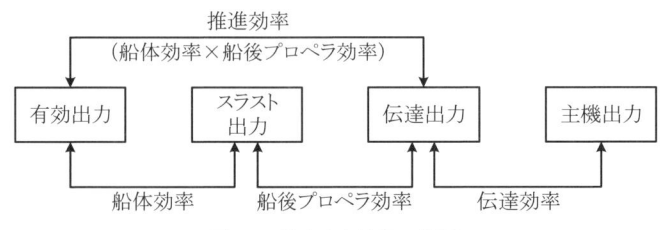

図2.1 各出力と効率の関係

推進に関する各出力と効率との関係を図2.1に示す。

この他，船速と主機出力の関係を表すものとして，主機出力は船速の3乗に比例して変化するというプロペラ法則（propeller law）がある。

2.2 主機の特性と操船

(1) ディーゼル船

ディーゼル船の操船に当たっては次のことを考慮しなければならない。

① 軸系が回転するとき，回転体に周期的に作用する回転力により発生する強制振動が軸系の固有振動数と一致した場合，大きな捩り振動が発生する。このときの回転数を危険回転数（critical revolution）と呼ぶが，危険回転数では主機を運転できないので注意する必要がある。

② 低回転が得にくく，前進極微速（dead slow ahead）の回転数は常用出力に対応した回転数の約1/3が限度とされている。また，長時間にわたり低回転で運転することは避けた方がよい。

③ ②の理由により，dead slow aheadでも前進行き脚はかなり大きいので注意を要する。とくに最近の商船では，省エネルギの見地から，主機関を低速ディーゼル機関とし，低回転大直径プロペラを採用するのがほとんどで，この傾向が強い（表2.1）。

　前進行き脚を抑えたい場合は，前進，停止を繰り返すように主機を操作する。この場合，舵効きが悪くなるので主機の始動に合わせて操舵を行うのがよい。

④ 港内速力の範囲では前進，後進とも始動が容易で，すぐに規定の回転数が得られる。したがって，船の姿勢制御などにいわゆる"プロペラの蹴り"を利用することができる。

⑤ 始動用空気（starting air）の容量に一定の限度があり，あまりに頻繁に発停を繰り返すと始動不能に陥る場合があることに注意を要する。

表2.1 テレグラフオーダと対応する速力の例

	6,000 TEU Container $L \times B \times d$ [m] 300.2×38.7×12.0 Diesel 43,624 kW		37,000 DW Bulker $L \times B \times d$ [m] 185×28.4×8.0 Diesel 6,325 kW	
Engine order	rpm	Speed (k't)	rpm	Speed (k't)
Nav. Full ah'd	96.8	24.1	98.0	15.4
Full	67.0	17.6	80.0	13.0
Half	52.0	13.6	69.0	11.3
Slow	36.0	9.4	58.0	9.5
Dead slow	26.0	5.6	35.0	5.6

(2) 蒸気タービン船

最近ではLNG船などの特殊な船を除いて，主機関に蒸気タービンを採用することは稀であるが，蒸気タービン船の操船に当たっては次のことを考慮しなければならない。

① 危険回転数の問題はディーゼル船と同様であるが，一般に，タービン船の危険回転数は常用回転数の範囲にないため，必要に応じた回転数での運転が比較的容易である。また，かなり長い時間，低回転で運転することも可能である。
② ディーゼル主機のような主機の始動に伴う"プロペラの蹴り"はあまり期待できない。
③ 港内速力の範囲では，エンジンテレグラフ（engine telegraph）の操作に対する主機の応答はディーゼル主機と同程度と考えてよいが，ボイラの追従面からの制約もあり，あまりに急激に負荷が変動するような操作は避けた方がよい。
④ 回転が完全に停止した状態で蒸気タービンを放置するとタービンの損傷を来たすおそれがあるので，一定時間間隔（一般に3分以内）で前後進交互にプロペラ軸を数回転させるスピニング（spinning）を行っている。

したがって，停止状態においてもテレグラフオーダ（telegraph order）とは関係なく，プロペラがごく低い回転数で回転することに注意しなければならない。

(3) ポッド推進システム

水平方向に360度回転するポッドにプロペラを装備した推進装置をアジマススラスタ（azimuth thruster）という。これの推進方式として，船内に設置した原動機または電動機に直結した動力軸を用いて動力を機械的にプロペラに伝達する方式（Zドライブ：Z drive）と，船内の発電機による電力をポッド内に設置した電動機に供給してプロペラを回転させる方式がある。一般にいうポッド推進器は，繭型回転楕円体（ポッド）に内蔵した電動機によりプロペラを回転させ，また，ポッドを船内に設けた旋回装置で回転可能とした推進装置の総称である。ポッド推進器は，旅客船，砕氷タンカーなどの運航中の負荷変動が大きい船に採用されている（図2.2）。

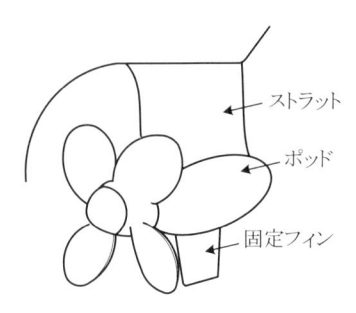

図2.2 ポッド推進器

ポッド推進器には，次のような特長がある。

① 舵および主機からプロペラまでの推進軸が不要で，機関室機器配置の自由度が増す。
② 電気推進方式とすることにより，逆転操作を含め回転数の制御が自由に行え，また，低速におけるトルクが強い。
③ 360度全方向にほぼ均等に推力を発生するので，横移動，その場回頭が可能で，離着桟操船が容易である。
④ 旋回性能に優れている。
⑤ 停止性能に優れている。

2.3 プロペラの作用と操船

2.3.1 スクリュープロペラの概要

　一般商船では，推進器としてスクリュープロペラ（screw propeller）が採用される。

　プロペラ翼を半径に沿う翼素に細分し，プロペラ軸から r の距離にある翼素について速度線図を描くと図 2.3 となる。

　ピッチ P，ピッチ角 θ の翼素が毎秒 n 回転すれば，翼素の前進面 O に働く流れは翼素の回転による流れ AO と翼素の前進による流れ AC を合成した流れ CO となるはずであるが，スリップ（slip）のため実際には OB なる流れが翼素に作用し，揚力 dL と抗力 dD が発生する。dL および dD のプロペラ軸方向の分力の合成された力が各翼素の推力 dT となり船を前進させる。また，dL および dD の横方向の分力の合成力 dF がトルク dQ を発生させる。

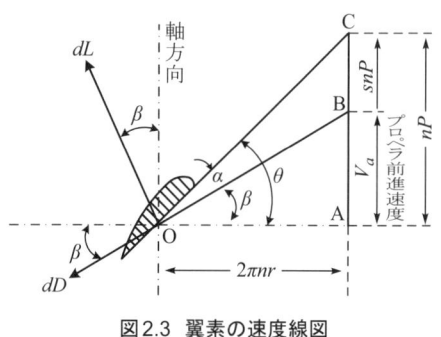

図 2.3　翼素の速度線図

$$\left.\begin{aligned} dT &= dL\cos\beta - dD\sin\beta \\ dQ &= dF \cdot r = dL\sin\beta + dD\cos\beta \end{aligned}\right\} \quad (2.1)$$

　図 2.3 において，ピッチ P [m] のプロペラが毎秒 n 回転するとプロペラは nP [m/sec] の速度で前進するはずであるが，実際にはプロペラのすべりにより snP [m/sec] だけ遅れて V_a [m/sec] で前進する（s：真のスリップ比）。この遅れの量がスリップである。

　プロペラスピード nP とプロペラ前進速度 V_a との差 $S = nP - V_a$ を真のスリップ（real slip），$s = 1 - (V_a/nP)$ を真のスリップ比という。

　また，プロペラは船尾にあるため伴流の影響を受け，プロペラ前進速度は船の速度より遅いのが普通である。

プロペラスピード nP [m/sec] と船速 V_S [m/sec] の差 $S_A = nP - V_S$ を見かけスリップ (apparent slip), $S_A = 1 - (V_S/nP)$ を見かけスリップ比という。

一般商船に用いられるスクリュープロペラには，従来の固定ピッチプロペラ (Fixed Pitch Propeller：FPP) の他，プロペラボス (propeller boss) の内部に翼の駆動機構を設け，遠隔操作により翼の角度を自在に変更できる可変ピッチプロペラ (Controllable Pitch Propeller：CPP) がある。

2.3.2　操船に影響するプロペラの作用

(1) FPP 船

FPP 右回り 1 軸船について，操船に影響するプロペラの回頭作用を述べる。

① 推進器流の作用

プロペラの回転により生じる推進器流 (screw current) のうち，プロペラに流れ込む流れを吸入流 (suction current)，プロペラから螺旋状に放出される流れを放出流 (discharge current) という。

(i)　吸入流

前進時，吸入流は船尾船底に沿って左右対称にプロペラへ流れ込むので，それ自体は回頭力を与えないが，プロペラの発生する推力の作用中心はプロペラの回転する側にずれる。このため，右回り 1 軸船では推力の作用線が船体中心線よりわずかに右側へ片寄り，船はごくわずかながら左転の傾向を示す。

後進時，吸入流は舵に作用し，操舵を行った方向に船尾を押す。

(ii)　放出流

放出流は螺旋状の流れとなって直接舵や船尾材に当たる。このため周囲の流れが左右非対称となり横向きの力を与える。すなわち，前進時は舵中央の状態でも船尾を左，船首を右に偏向させる傾向がある。これは図 2.4 のように，プロペラ軸の上部と下部の放出流を見ると，左舷側では舵面の上部に，右舷側では舵面の下部に当たるが，流れの入射角は舵面の下部の方が大きいので舵面を左舷側に押す舵圧の方が優勢となり，船尾を左，船首を右に偏向させる結果と

なる。とくに舵が露出する軽喫水状態では，没水部上部舵面積が減るのでこの傾向は強くなる。また，吊舵（hanging rudder）のように上部舵面積の大きい舵を持つ船では，上述とは反対に船尾を右，船首を左に偏向させる傾向がでてくる。

後進時は操舵に関係なく船尾を左，船首を右に回頭させる。これは図2.5のように，左回りとなって船尾から船首の方へ流れる放出流のうち，左舷船底側に沿う流れはそのまま流れ去るが，右舷船底側に沿う流れは船側外板に大角度で当たるので船尾を強く左に押すことによる。この作用を放出流の側圧作用（lateral wash of screw current）といい，とくに操船への影響が顕著である。

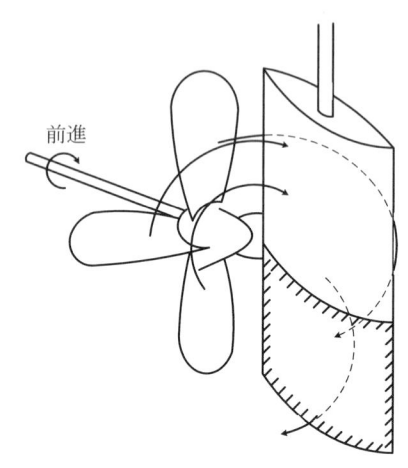

図2.4 前進時の放出流の作用

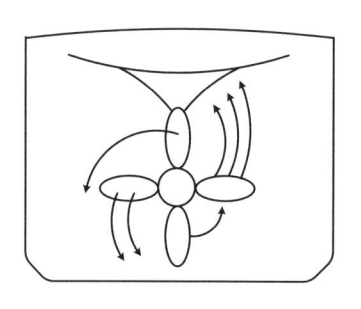

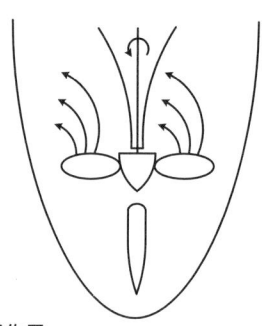

図2.5 放出流の側圧作用

② 横圧力の作用

プロペラが回転するときプロペラ翼は回転に対抗する水の反力を受けるが，この力は，水面に近い部分では空気の吸込みと泡立ちのため水面から遠い深い部分に比べ小さく，力の向きも反方向である（図2.6）。

プロペラ翼が受ける水の反力は全体としてプロペラの回転方向と同一方向に

働く。このようにプロペラの回転に伴う水の反力によって発生する横向きの力を横圧力（sidewise pressure）という。

横圧力は前進時，後進時ともそのときのプロペラの回転方向に船尾を押すことになるので，図 2.7 に示すように前進時には船尾を右偏させ，後進時には左偏させる。この現象は，プロペラの始動時やプロペラの上部が水面上に露出するような軽喫水状態で強く現れる。

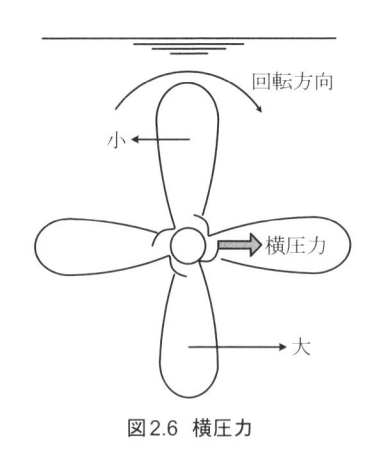

図2.6　横圧力

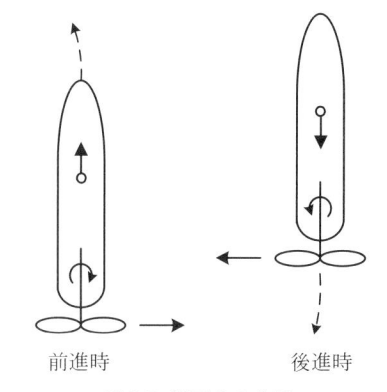

図2.7　横圧力の作用

③ 伴流の作用

船が前進または後進すると船体に追従して動く水の流れができる。これを伴流（wake）という。伴流は前進時，船首よりも船尾端の水面ほど強く，キール付近では弱い。図 2.8 に示すようにプロペラ位置での伴流分布は V 字型をなし，プロペラ上部での水の流れは船速よりも遅く，下部では船速に近い流速となる。

このような流速分布をなす伴流中でプロペラが回転すると，プロペラ上

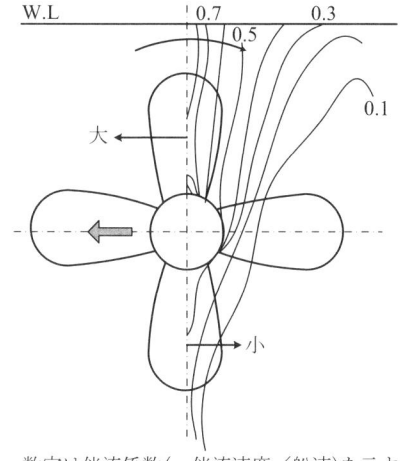

数字は伴流係数（＝伴流速度／船速）を示す

図2.8　伴流の作用

翼に当たる流れの入射角は下翼より大きくなる。このため下翼に比べ上翼の横圧力が大きくなり，前進時に船尾を左に押し，船首を右に偏向させる。

後進時には船尾に伴流が発生しないので伴流の作用はない。

(2) CPP船

CPP装備船は主機の回転を一定に保ったまま前進，停止，後進の操作を短時間に行うことができ，微速運転も可能なことから，FPP装備船に比べ港内操船が容易であるが，かなりの前進行き脚がある場合でもFPP船のStop Eng.に相当する翼角0°とした場合，舵効が得られず，保針が困難となるので注意を要する。

FPP船で主機を停止して減速する場合，プロペラは船速に応じて遊転するが，プロペラ遊転中は舵効が得られ，操舵による針路制御が可能である。これに対しCPPでは，図2.9に示すようにプロペラのTip付近を後進ピッチ，Boss付近を前進ピッチとして前進推力と後進推力をバランスさせてStopの状態とすることから，プロペラ周りの水流が撹乱されて船尾付近の流れが変形し，舵効が著しく減少するので，操舵による針路制御が不可能となる。この現象は，

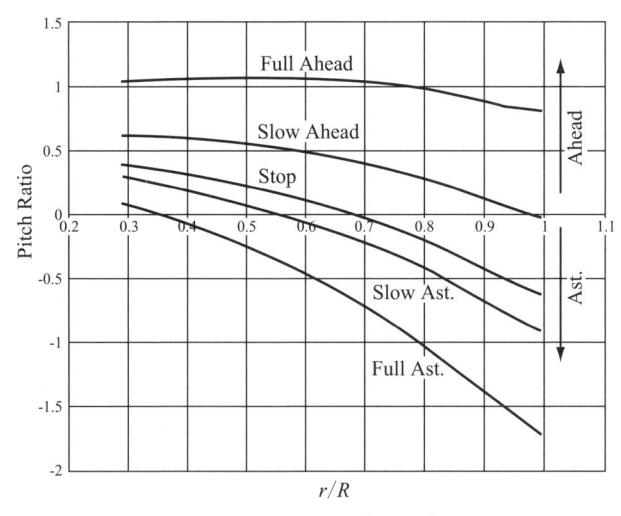

図2.9 CPPのピッチ分布

とくに CPP 1 軸 1 舵船で顕著に現れる。

CPP 船の減速中の操縦性を改善するには，任意の翼角での速力制御が可能な特性を利用して，Stop（翼角 0°）の操作を行わず，CPP の最小舵効速力に対応した前進翼角であるミニマムアヘッドピッチ（Minimum Ahead Pitch：MHP）として減速すればよい。図 2.10 の実験例[2.1]は MHP による減速方法の効果を示したもので，翼角 0° として減速した場合，発令と同時に風上に向けて左回頭が始まり，右舵一杯の操舵を行っても回頭運動を制御できていない。これに対し MHP として減速すれば，適宜右への当て舵を与えることにより原針路を保持できている。

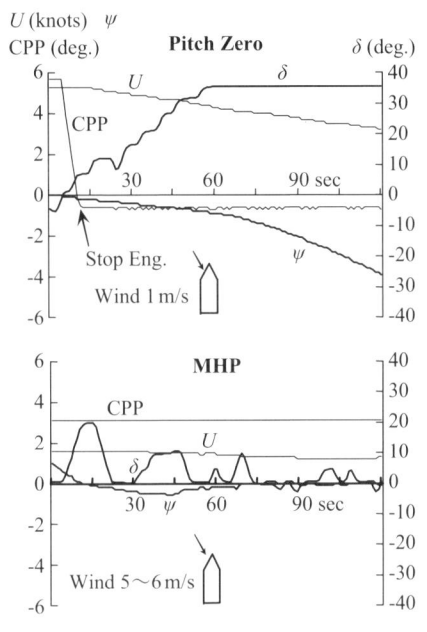

図 2.10　減速時のミニマムアヘッドピッチによる針路制御

2.3.3　右回り 1 軸船の回頭特性

プロペラと舵の操作による船の回頭特性は，実際には，風潮などの外力，船型，船体コンディションなどの影響を受け，とくに後進時については不安定となることが多いが，ここでは右回り 1 軸船について，プロペラと舵の総合作用による一般的な回頭特性について述べる。

(1) 船体停止の状態から前進するときの回頭特性

① 舵中央の場合

プロペラの回転初期には横圧力と放出流とが互いに反方向に働くが，このうち横圧力の作用が初め強く働くので船尾を右に寄せる。しだいに行き脚がつくと伴流の作用が加わり左右の力がほとんど平衡して直線上に進む。増速とともに優勢な伴流の作用と放出流の作用により，一般にわずかではあるが船首を右偏させる傾向を示すことが多い。

② 舵を右にとっている場合

舵中央の場合と同様，プロペラの回転初期には横圧力と放出流が互いに反方向に働くが，放出流は舵面にほぼ直角に働くため舵効を生じ，停止の状態において船尾を左に押す。行き脚がつけばこれに伴う舵効と伴流の作用とが相和して，船首はますます右へ回頭する。

③ 舵を左にとっている場合

横圧力，放出流とも船尾を右に押す方向に働くため，前進行き脚のない，運動の初期において船首は急速に左へ回頭する。

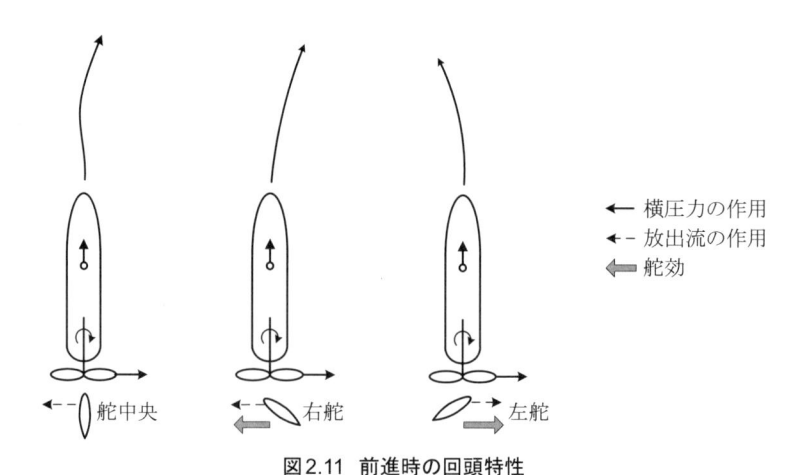

図2.11 前進時の回頭特性

(2) 船体停止の状態から後進するときの回頭特性

① 舵中央の場合

横圧力に加えて放出流の側圧作用により船尾を左に押すので，船首はゆっくり右回頭しながら左舷側に後退する。

② 舵を右にとっている場合

横圧力と放出流が船尾を左に押し，吸入流による舵効が船尾を右に押すが，プロペラの回転初期においては前者の働きが優勢なので船尾は左に寄せられる。しだいに後進行き脚がつけば，放出流の側圧作用および横圧力と吸入流ならびに後進行き脚による舵効とが平衡してまっすぐ後退を始める。後進行き脚が増すとともに舵効が優り，船首は緩やかに左回頭しながら右舷側に後退する。

③ 舵を左にとっている場合

横圧力，放出流，吸入流のすべてが船尾を左に押す方向に働くため，プロペラの作用による右回頭は最も大きい。したがって，後進行き脚による舵効も加わり，左舷側への後退はきわめて容易である。

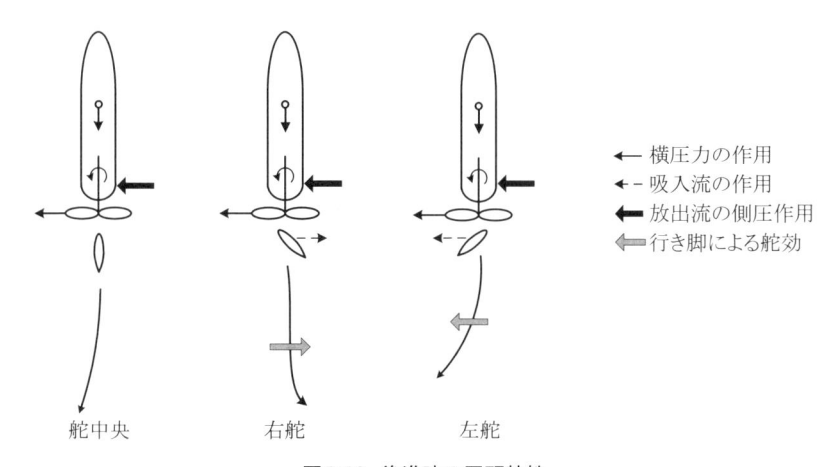

図2.12 後進時の回頭特性

(3) 回頭特性の操船への利用

右回り1軸船の回頭特性を利用した次のような操船の基本がある。

① その場回頭は右回頭

舵と機関の併用によるその場回頭は右回頭が容易であるということで、舵を左にとって機関を後進に使用すれば右回頭が最も大きくなる特性を利用している。より小さく回頭するには回頭開始の段階で船体が停止状態にあるのがよい。一般には機関後進に先立って、あらかじめ機関を前進にかけ、舵操作によって右への回頭力を与えておく。こうすれば機関後進と左転舵による右回頭がきわめて容易となる。図 2.13 はその操船法である。

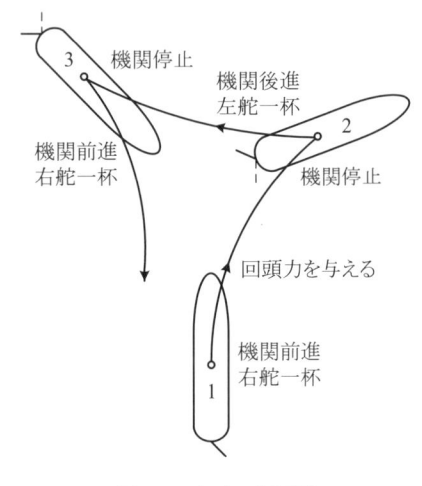

図 2.13 右その場回頭

② 係岸は入り船左舷付け、ブイは右舷係留

自力操船による係岸は入り船左舷付け、ブイ係留は右舷係留が容易である。

係岸の場合、図 2.14 に示すように、船首を岸壁線に対して 10～15°に向けてゆっくりと進入し、船首が岸壁に接近したとき機関を後進とすると船尾が岸壁方向に押され船首は右回頭を始める。船体が岸壁に平行となる頃に停止するように操船すると係岸が容易である。

ブイ係留の場合は図 2.15 に示すように、ブイを右舷側、船幅の 1～1.5 倍のところに見るようにしてゆっくりと進入し、ブイの手前で船が停止するように機関を後進させると、船首が右へ回頭しブイに近付くので係留が容易となる。

図2.14 入り船左舷係留

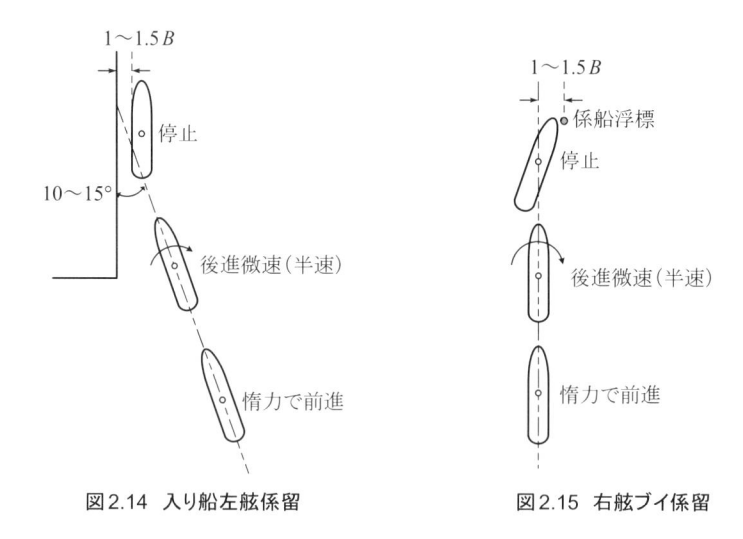

図2.15 右舷ブイ係留

2.3.4 2軸船の操船上の特性

2軸船のプロペラの回転方向は，船尾側から見て，右舷プロペラは右回り，左舷プロペラは左回りとするのが普通である。このように，船側に沿って翼端が下方から上方に回るものを外回り式（outward turning），逆の場合を内回り式（inward turning）という（図2.16）。

（1）2軸船の特性

2軸船には次の操船上の特性がある。

① 前進時，後進時とも，両舷のプロペラの回転方向は互いに逆方向となるため，プロペラによる諸作用は互いに打ち消し合い，船はほぼまっすぐに前進または後進する。

② 両舷機を互いに逆転させ推力によって発生する回頭モーメントを利用すれば，容易にその場回頭を行うことができる。この場合，前進出力に比べ後進出力は弱いので前進半速・後進全速などの操作が必要である。

　FPP 2軸船がその場回頭を行う場合，外回り式では横圧力の作用，放

出流の側圧作用のすべてが回頭舷と反対方向に船尾を押すように働くので，内回り式よりも有利である（図2.17）。
③ それぞれのプロペラの後方に舵を持つ2軸2舵船では，プロペラ放出流をそれぞれの舵面に受けるのでは舵効はよいが，船体中心線上に1舵のみを持つ2軸船では，2軸2舵船に比べ舵効がやや劣る。

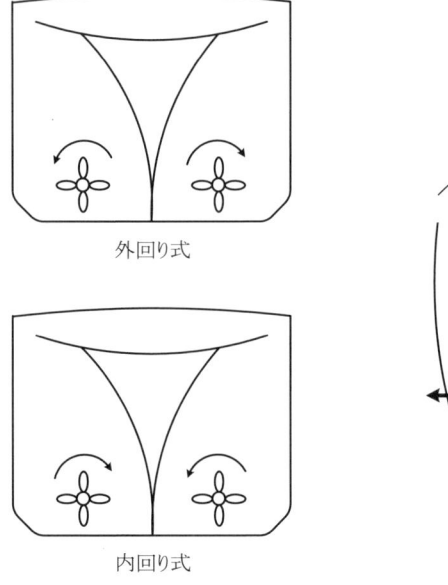

図2.16　2軸船のプロペラ回転方向 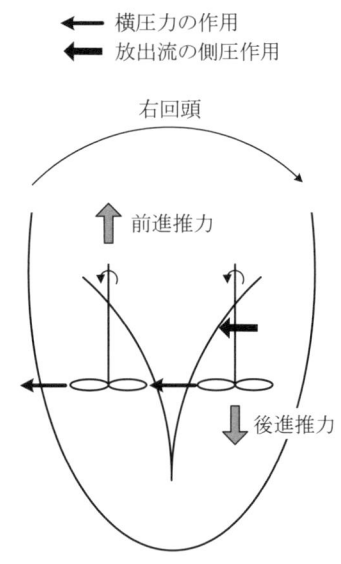　　図2.17　FPP外回り2軸船の右その場回頭

（2）2軸2舵船の船尾横移動操船法

　CPP2軸2舵船でよく行われる，船尾を横移動させるための操船法を図2.18に示す。図には船尾を右に移動させる操船法が示してある。

　①は，両舷の舵を左一杯として右舷機を前進，左舷機を後進とする操船法である。②は，舵をV字型として右舷機を前進，左舷機を後進とする操船法である。③は，舵をハの字型として右舷機を後進，左舷機を前進とする操船法で

ある。いずれの操船法によっても，ほぼ同程度の力で船尾を横移動させることが可能である。

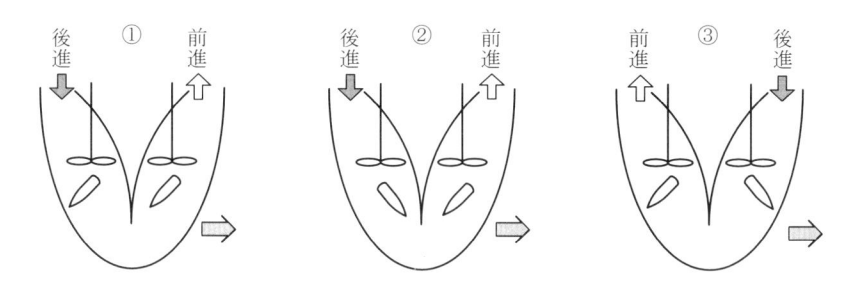

図2.18 CPP2軸2舵船の船尾横移動操船法

【参考文献】

(2.1) 川路，雨宮，矢吹：「CPP1軸1舵船におけるミニマムアヘッドピッチによる操船法の提案」日本航海学会論文集，第112号（2005）

第❸章
速力と惰力

3.1 船の速力

3.1.1 速力の単位と種類

　船の速力はノット（knot：kts）を単位として表す。1ノットは1時間に1海里（1852m）を移動する速さをいう。船が浮かんでいる水を基準に測った速力を対水速力（speed through the water または log speed），地球表面の1点を基準に測った速力すなわち陸地または海底に対する速力を対地速力（speed over the ground：OG）という。

3.1.2 航海速力と港内速力

　船が満載状態において，常用出力で航走するとき得られる速力を航海速力（sea speed）といい，洋上を航行中に常用される速力である。これに対し，主機の出力を下げ，いつでも主機の発停，加速，減速を行えるよう機関を用意した状態（stand by engine）で航行するときの速力を港内速力（harbor speed）という。港内速力は，操縦速力（maneuvering speed），スタンバイ速力（stand by speed）とも呼ばれる。

　狭水道の通過，入港などに先立ち，航海速力で航行中の船では，主機の操作に伴う負荷の急変による熱応力の影響を軽減する観点から主機の出力を逓減するとともに，ディーゼル船にあっては燃料油をC重油からA重油に切り換え，始動用空気の準備を行う。これら諸準備が整えば，エンジンテレグラフ（engine telegraph）でスタンバイエンジン（Stand by engine：機関用意）を発

令して港内速力とする。

航海速力での前進全速を navigation full ahead, 港内速力での前進全速を maneuvering full ahead または stand by full ahead と呼び区別する。

出港作業が終了し，主機の発停，加減速を行う必要がなくなればリングアップエンジン（Ring up engine）を発令して港内速力を航海速力に変更する。機関室では，前述した熱応力の影響を軽減する観点から一定時間をかけて徐々に出力を上昇させる。また，ディーゼル船では燃料油をA重油からC重油に切り換え，始動用空気の手終いを行う。

この他のテレグラフオーダとして，入港時の主機使用の終了を発令する"Finished with engine"（機関終了）がある。

3.1.3 速力試験

主機出力に対応した速力を確認するため，公試運転として速力試験が行われる。

通常，主機の出力を連続最大出力または常用出力の 1/4, 2/4, 3/4, 4/4 および過負荷とした場合について試験を実施する。

試験は，風潮流の影響を除去するため同一針路を往復して実施する。また，一般に，試験時のコンディションを次のように調整する。

① 船体およびプロペラの表面が汚損されていない状態で行う。
② 載荷状態は満載とするのが望ましいが，一般に，タンカーは満載状態，一般貨物船，撒積船などはバラスト状態で行われる。
  また，トリムは，満載状態では等喫水，バラスト状態では最高速力を得るのに最も適したトリムとする。
③ 推進器深度は，軸心の深度がプロペラ直径の 0.4 倍以上になるよう調整する。

3.2 航走中の船の抵抗

　航走中の船体が受ける全抵抗は，水抵抗と空気抵抗（air resistance）に大別される。さらに水抵抗は，摩擦抵抗（frictional resistance）と摩擦抵抗を除いた残りの水抵抗である剰余抵抗（residual resistance）に分類できる。
　剰余抵抗の大部分は造波抵抗（wave making resistance）と渦抵抗（eddy making resistance）である。

(1) 摩擦抵抗

　船の航走に伴う船体表面と水の摩擦によって生じる抵抗をいい，一般商船では水抵抗の大部分を占める。摩擦抵抗は水の粘性摩擦によるもので，船体の浸水面積の大小，船底表面の粗度，水の密度，船速などにより変化する。

(2) 造波抵抗

　船が航走すると，船首および船尾付近では水の圧力が高まり水面が上昇するが，船体中央部付近では圧力が低くなり水面が下降する。このような船の航走に伴う水面の上下運動により船の周囲に波が発生するが，このときの造波に伴うエネルギの損失を造波抵抗という。

(3) 渦抵抗

　船が航走するとき，船体表面の形状が変化する場所では船体に沿って流れる水が剥離し渦を生じる。この渦の発生に伴う抵抗を渦抵抗または形状抵抗という。

(4) 空気抵抗

　水面上の船体および上部構造物が受ける空気による摩擦抵抗をいい，上部構造物の形状による渦抵抗が大部分を占める。

(5) 抵抗に影響を及ぼす諸要素

　航走中の船の抵抗は次の要因により変化する。

① 船体付加部の抵抗

　ビルジキール，プロペラシャフト，シャフトブラケット，ボッシングなどの船体付加部により抵抗が増加する。一般に，1軸船に比べ2軸船では全抵抗に占める割合が大きい。

② 船底汚損による抵抗の増加

　船底塗料が剥離したり，錆の発生，海虫，海藻などの海洋生物の付着により船底が汚損された場合，船体外板の表面粗度が大きくなり摩擦抵抗が増加する。

③ 風圧，波などの外力による抵抗の増加

　船体および上部構造物が受ける風圧により摩擦抵抗が増加する。また，波浪による船体動揺，波の衝撃などにより抵抗が増加する。

④ 浅水影響による抵抗の増加

　船の喫水に比べ水深の浅い水域を航走する場合，船体の沈下および船底部の水の流れが速くなることにより摩擦抵抗が増加する。また，造波抵抗も増加する。

3.3　惰力と停止性能

操船に当たって考慮すべきいわゆる"操船上の惰力"として，発動惰力，停止惰力，反転惰力および1.2.4項で説明した回頭惰力がある。

3.3.1　発動惰力

船体が停止している状態から主機を前進に発動し，発令した主機出力に対応する速力に達するまでの航走をいい，その間の進出距離，所要時間を用いて表現する（図3.1）。

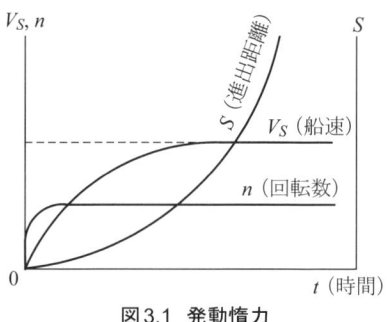

図3.1　発動惰力

3.3.2 停止惰力

(1) 停止惰力

一定の回転数，速力で前進中の状態で主機を停止し，船がある速力（一般に2ノット）に減速するまでの惰性による航走をいい，その間の進出距離，所要時間を用いて表現する（図3.2）。

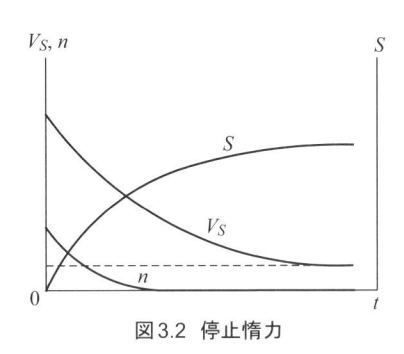

図3.2 停止惰力

一定速力で前進中に主機を停止した場合の船体運動方程式は，主機停止後は操舵を行わず，船体自身も旋回運動を行わないとすれば，次式で与えられる。

$$(m + m_x) \cdot \dot{V}_S = -R \tag{3.1}$$

ただし，m：船の質量，m_x：船の前後方向の付加質量，V_S：船速，R：船体抵抗である。

ここで船体抵抗は船速の2乗に比例するものとして $R = kV_S^2$ （k は比例定数）とおき，主機停止時の船速を V_{S0} として (3.1) 式を解けば，主機停止後の進出距離 S と船速 V_S の関係が次のように求まる。

$$S = \frac{m + m_x}{k} \log\left(\frac{V_{S0}}{V_S}\right) \tag{3.2}$$

$$V_S = V_{S0} \cdot e^{-kS/(m+m_x)} \tag{3.3}$$

(2) 減速惰力

一定の回転数，速力で前進している状態からある回転数まで主機の出力を減じ，その回転数に対応した速力になるまでの惰性による航走をいい，その間の進出距離，所要時間を減速惰力係数（decelerating factor）として表現する。

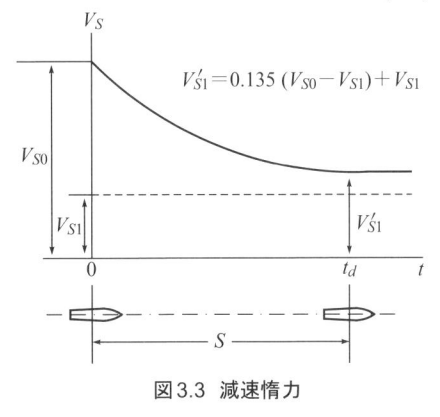

$V'_{S1} = 0.135(V_{S0} - V_{S1}) + V_{S1}$

図3.3 減速惰力

減速惰力係数は，減速時の惰性による進出距離を減速前と減速後の速力差で除した値，すなわち，1ノットの減速に対する船の航走距離をいう[(3.1)]。
図3.3において

$$\text{decelerating factor} = \frac{S}{V_{S0} - V'_{S1}} \tag{3.4}$$

である。

3.3.3 反転惰力

ある速力で前進中，主機を後進にかけて船体が停止するまでの惰性による航走をいうが，一般に，航海速力で航行中に主機を後進全速 (full astern) として停止する緊急逆転停止 (crash stop astern) の場合をいうことが多い（図3.4）。

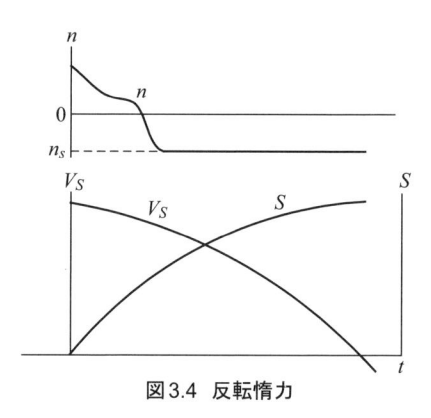

このときの停止距離をとくに急速停止距離 (crash stopping distance) または最短停止距離 (short stopping distance) という。なお，緊急逆転停止を含め主機逆転による停止性能を単に停止性能 (stopping ability) と呼ぶことがある。

図3.4 反転惰力

(1) 停止性能の推定式

(3.1) 式と同様の条件のもと，逆転停止時の船体の前後方向の運動方程式は次式で与えられる。

$$(m + m_x)\dot{V}_S = (1 - t_p)T_{ps} - R \tag{3.5}$$

ただし，T_{ps}：プロペラの発生する後進スラスト，t_p：スラスト減少係数である。
$R = kV_S^2$，後進発令時の船速を V_{S0} として (3.5) 式を解くと，停止距離 S および停止時間 t_s は

$$S = \frac{m + m_x}{2k} \log\left\{1 + \frac{kV_{S0}^2}{(1 - t_p)T_{ps}}\right\} \tag{3.6}$$

$$t_s = \frac{m + m_x}{k} \sqrt{\frac{k}{(1 - t_p) T_{ps}}} \cdot \tan^{-1} \left\{ V_{S0} \sqrt{\frac{k}{(1 - t_p) T_{ps}}} \right\} \quad (3.7)$$

となる。

(3.6) 式，(3.7) 式を簡略化した，停止距離 S および停止時間 t_s を推定する実用式[3.2]として次の式がある。

$$S = T_s \log \left(1 + \frac{1}{K_s} \cdot \frac{V_{S0}^2}{n_s^2} \right) + \frac{1}{2} V_{S0} t_r \quad (3.8)$$

$$t_s = \frac{2T_s}{n_s \sqrt{K_s}} \cdot \tan^{-1} \left(\frac{V_{S0}}{n_s \sqrt{K_s}} \right) + \frac{1}{2} t_r \quad (3.9)$$

ただし，$T_s = (m + m_x)/2k$：前進の慣性を示す指数，$K_s = K_{T_s} \rho D^4 / k$：プロペラの後進スラストを示す指数，$K_{T_s} = (1 - t_p) \cdot T_{ps} / \rho D^4 n_s^2$：後進スラスト係数，$n_s$：後進回転数，$D$：プロペラ直径，$\rho$：海水の密度，$t_r$：主機逆転操作時間（後進発令後，プロペラが前進側へ回転する状態から停止し，逆転を始めるまでの所要時間）である。

(2) 停止性能に影響する諸要素

主機逆転による停止距離を推定する実用式 (3.8) 式から明らかなように，停止性能に影響する要素として後進発令時の船速 V_{S0} の他，次の要素があげられる。

① 船の見かけ質量

船の質量 m に船の前後方向の付加質量 m_x を加えた見かけ質量が大きいほど船の慣性力が大きく，停止距離は長くなる。

したがって，載荷状態では，バラスト状態に比べ満載状態の停止距離が長い。また，船型では，方形係数 C_b の小さいやせ型の船型に比べ C_b の大きい肥大船型の方が船の前後方向の付加質量が大きく，停止距離が長い。

〔注〕付加質量

流体中で物体が加速度運動をするときには，その物体は周囲の流体を押しのけて運動することとなるが，押しのけられた流体は，それまで物体が占有していた場所を埋めようとする。いいかえれば，物体を流体中で動かすときには同

時に周囲の流体をも動かさなくてはならないということである。このことは，物体の質量は，正味の質量に流体の運動に起因する付加的な質量が加わった値となることを意味する。この付加的な質量を付加質量（added mass）という。

また，同じ考え方から付加慣性モーメント（added moment of inertia）と見かけ慣性モーメント（virtual mass moment of inertia）が定義される。

② 後進回転数または後進スラスト

後進スラスト T_{ps} が大きいほど停止距離は短くなる。後進スラストは後進回転数の2乗に比例するので，理論的には，後進回転数を増せば増すほど停止性能は改善されるが，プロペラの強度，主機特性などによる制約があり，後進回転数には一定の限度がある。

③ 主機逆転操作時間

主機逆転操作時間 t_r を短くし，所定の後進回転数 n_s に整定する時間を早めれば停止距離は短くなる。

最近の商船では，LNG船など特殊な船を除くほとんどの船でディーゼル主機が採用されるが，危急時のディーゼル主機の後進操作は，図3.5のように行われるのが通例である。

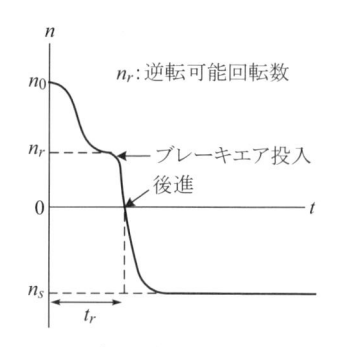

図3.5 ディーゼル主機の後進操作

回転数 n_0 で前進中に主機を逆転させるには，まず，燃料の供給を止めて主機を停止させ，逆転機構の操作が可能となる回転数（逆転可能回転数）n_r まで回転が低下するのを待つ。次に，回転数が n_r となったところで逆転機構を操作し，ブレーキエアを投入することにより回転の低下を早めたうえで始動用空気を投入して主機を後進回転とする。以後，所定の後進回転数 n_s となるまで出力を上昇させる。このように，主機逆転操作時間は回転が逆転可能回転数に低下するまでの逆転時間に大きく影響されるので，緊急逆転停止の操船に当たって注意する必要がある。

可変ピッチプロペラ（CPP）装備船は，固定ピッチプロペラ（FPP）装備船に比べ停止性能が優れている。これは主として，FPPの場合，Stop Eng. の操作を行ってからプロペラの遊転がしだいに低下し逆転可能回転数に達するまで

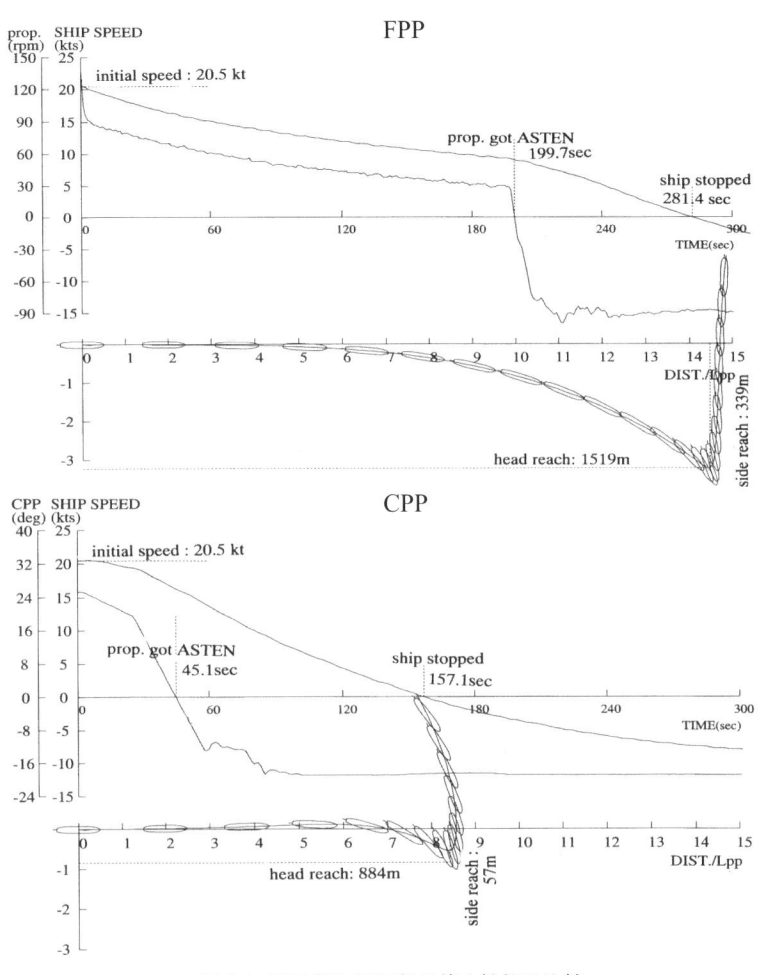

図3.6 FPP船とCPP船の停止性能の比較

かなりの時間を要するのに対し，CPP では翼角を後進側へ変節する操作が比較的短時間で行われるため，主機逆転操作時間を短縮したと同じ効果があることによる．図 3.6 は，同一船体を用いて FPP と CPP の停止性能を比較した実験例[3.3]である．この例では，CPP の停止時間，停止距離は FPP の約 55 % となっており，CPP の停止性能が非常に優れていることがわかる．

(3) 停止性能の実例

船舶の停止性能については，IMO により基準が定められている（表1.4：IMO 操縦性基準を参照）。

タンカー，撒積船，コンテナ船，PCC など最近の代表的な船型について，海上試運転による緊急逆転停止時の無次元停止距離 $S' = S/L_{pp}$ および無次元停止時間 $t'_s = t_s \cdot (V_{S0}/L_{pp})$ を表3.1に例示する。

表3.1 緊急逆転停止に関する試験例

船種	$L_{pp} \times B \times d$ [m]	DWなど	主機 種類，出力[PS]，回転数		載荷状態	V_{S0} [kts]	S'	t'_s
コンテナ船	210×32.2×11.5	2200 TEU	D 18,820	(79 rpm)	B	21.5	8.0	16.8
コンテナ船	228×32.2×12.5	3000 TEU	D 28,650	(80 rpm)	B	24.1	9.0	18.4
PCC	175×32.2×9.0	5000台	D 11,815	(102 rpm)	B	20.2	11.0	20.4
プロダクトキャリア	165×30.0×11.0	3.5万トン	D 11,655	(120 rpm)	B	16.5	9.6	19.4
VLCC	305×53.0×19.6	23.3万トン	D 19,900	(74 rpm)	B	15.6	11.5	19.8
撒積船	213×32.2×18.3	6.9万トン	D 10,800	(111 rpm)	B	15.2	6.4	11.9
撒積船	290×47.5×25.0	19.4万トン	D 16,500	(83 rpm)	B	15.5	8.7	19.7
鉱石船	280×46.0×17.2	16.9万トン	D 15,120	(80 rpm)	B	15.5	10.8	20.3
LNG船	268×44.2×11.5	6.9万トン	T 36,000	(101 rpm)	B	20.6	14.4	25.4
多目的貨物船	180×28.3×15.4	3.9万トン	D 9,250	(CPP 103 rpm)	B	16.1	7.4	15.5

注) D:diesel, T:turbine, B:ballast を示す。

(4) 逆転停止中の回頭運動

船が前進中にプロペラを逆転させると，ほとんど舵が効かなくなるとともに定常前進中に比べ針路安定性が低下し，図3.7に例示[3.4]するようなかなり著しい回頭運動を起こす。船型にもよるが，右回り1軸船の場合，プロペラ放出流の側圧作用および横圧力の影響により，概して右回頭を行うことが多い。

練習船
$L_{pp} \times B \times d = 105.0\,\mathrm{m} \times 16.0\,\mathrm{m} \times 5.8\,\mathrm{m}$
主機 Diesel 4900 PS

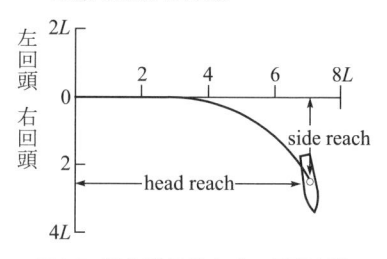

図3.7 緊急逆転停止時の回頭現象

前述したように前進中に機関を後進とした場合，前進時に比べ針路安定性が低下するため，とくに大型船では風潮など外力の影響を受けやすく，また，舵効も期待できないので姿勢制御が困難となる。一般に，任意の速力で前進中の大型船が任意の回転数でプロペラを逆転させた場合の回頭方向は，船固有の性能，外力の影響などにより違いがあり，あらかじめ推定することが難しいといわれており操船上注意を要する。

【参考文献】

- (3.1) 日本造船研究協会第7基準研究部会：国際規則と船舶設計等との関連に関する調査研究報告書（別冊）（1984）
- (3.2) 谷：「船の急速停止について」日本造船学会第2回操縦性シンポジウムテキスト（1970）
- (3.3) 矢吹，佐々木，芳村：「CPP 1軸1舵船の停止性能について」日本航海学会論文集，第101号（1999）
- (3.4) 矢吹，飯田，日下：「ハイスキュープロペラ装備船の反転惰力について」日本航海学会論文集，第71号（1984）

第❹章
操船に及ぼす外力の影響

　操船に当たっては，舵とプロペラの総合作用，本船の運動性能などを十分に知っておくことはもちろんであるが，状況によっては，風，潮流，波浪などの外力が船の操縦性に大きな影響を及ぼすことに注意しなければならない。

4.1 風の影響

　風を受けて航行する場合，船は風圧によって風下へ圧流される。また，船体に働く回頭モーメントにより，船首が風上へ切り上がる，風下に落とされるといった回頭現象が生じる。とくに，PCC，コンテナ船，LNG 船などのように，風圧面積の大きい船が強風下を低速で航行するといった場合には，操舵による姿勢の制御がきわめて困難となり，自力では操船不能な状態に陥ることもある。

4.1.1 風圧力と風圧モーメント

（1）風圧力とその作用中心

　図 4.1 に示すように，風を受けて航行中の船には，方向 α，大きさ R_a の風圧力（圧圧合力）が，船首からの距離 a の位置に作用する。

　水線上の船体正面投影面積 A，側面投影面積 B の船が，相対風向 φ，相対風速 V_a の風を受ける場合，船体に働く風圧合力 R_a は次式のよう

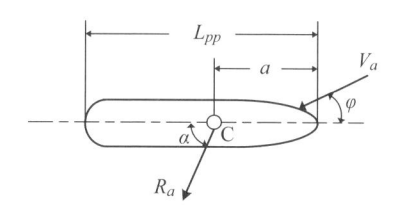

L_{pp}：垂線間長 [m]
a：船首から風圧合力の作用中心までの距離 [m]

図4.1　風圧合力と作用中心

に表すことができる.

$$R_a = \frac{1}{2}\rho_a C_a(A\cos^2\varphi + B\sin^2\varphi)\cdot V_a^2 \quad (\text{Hughes の式}) \qquad (4.1)$$

ただし, C_a:風圧合力係数, ρ_a:空気の密度である.

ここで, 風圧力の計算には, 10分間の平均値である普通の風速でなく瞬間風速を使用する. 風速から瞬間風速を求めるには, 風速に突風率 (gust factor) を掛ければよい. 突風率は風速と瞬間風速の比で, 普通 1.2～1.5 程度とされている [4.1]。

タンカー, コンテナ船および自動車運搬船の模型による風圧合力の計測例 [4.2] を図 4.2 に示す. 図には, 相対風向 φ に対する風圧合力係数 C_a, その作用中心 a/L_{pp} および風圧合力の方向 α が示してある.

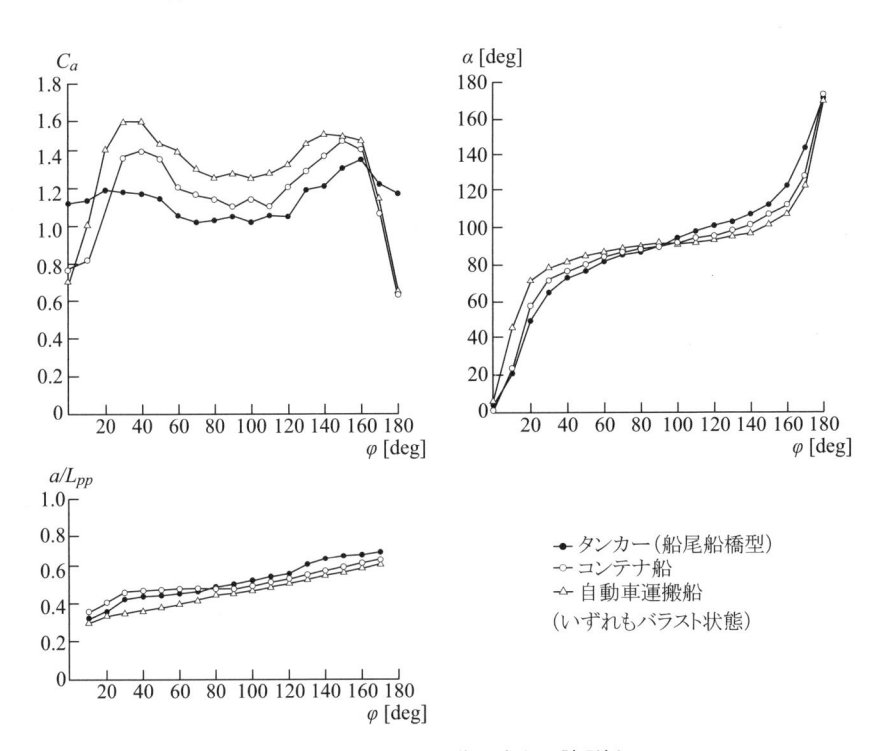

図4.2 風圧力とその作用中心の計測例

図 4.2 の模型実験例からわかるように，風圧合力係数は船型の他，風向によって異なる値をとるが，一般に，船首または船尾に風を受ける場合に最小値を，相対風向が 30～40° 付近および 150～160° 付近で最大値を示す。

また，風圧合力は，船首または船尾付近に風を受ける場合の他，概して横方向に働く。

(2) 風圧モーメント

図 4.3 に示すように，風圧合力 R_a の横方向の成分 Y_a（風圧横力）が船の重心 G の回りのモーメントとして働く。

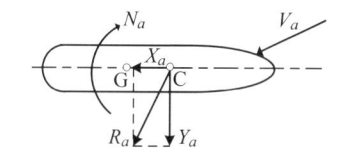

図4.3 風圧モーメント

タンカー，コンテナ船および自動車運搬船の模型による風圧モーメントの計測例[4.3] を図 4.4 に示す。図には，相対風向 φ に対するミッドシップ回りの風圧モーメント係数 $C_m = N_{aw}/(1/2 \cdot \rho_a V_a^2 B)$ （N_{aw} はミッドシップ回りのモーメント）が示してある。

この模型実験例からわかるように，風圧モーメントは，船首，船尾および正横方向から風を受ける場合は 0 となり，斜め船首および斜め船尾方向から風を受ける場合に最大となる。

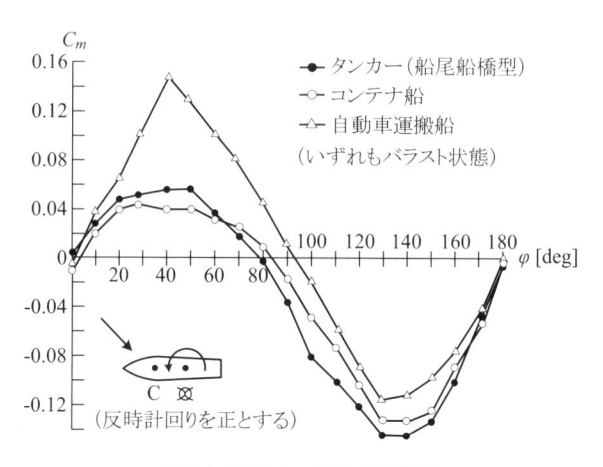

図4.4 風圧モーメントの計測例

4.1.2 風が操船に及ぼす一般的影響

航走中の船は，船首尾線上船首から風を受けると減速し，船尾から風を受けると増速する。船首尾線以外の方向から風を受ける場合，風は船体を風下へ圧流するとともに回頭モーメントを与える。また，圧流により船体が斜航すると，水面下においてそれに対抗する水の反力（水抵抗）が生じ，船体に回頭モーメントを与える。

したがって，定常風を受けて航行中，船の進路を一定に保つ（保針）には，風圧力と水抵抗によって生じる回頭モーメントを打ち消すための当て舵が必要となる。すなわち，風圧力の作用中心が水抵抗の作用中心より後方となる場合は風下側への当て舵が，風圧力の作用中心が水抵抗の作用中心より前方となる場合は風上側への当て舵がそれぞれ必要となる（図4.5）。

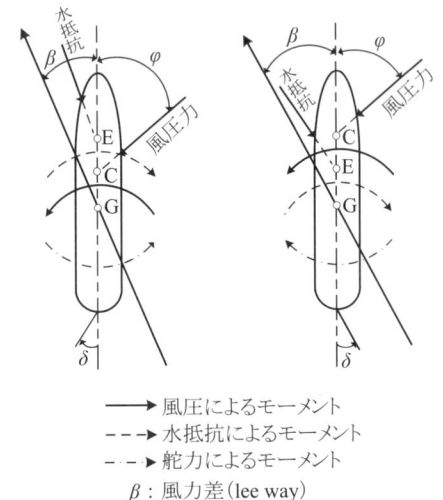

⟶ 風圧によるモーメント
--⟶ 水抵抗によるモーメント
-・⟶ 舵力によるモーメント
β：風圧差 (lee way)

図4.5　航走中の船体に働く回頭モーメント

(1) 前進中

一般商船が斜め前方から定常風を受けて斜航する場合，水抵抗の作用中心は風圧力の作用中心よりかなり前方にあるため，船首が風上へ切り上がる傾向が強い。風が横風に近くなるにつれ，風圧力の作用中心は後方に移り，さらにこの傾向が強まる。

船を所定の進路で進めるための当て舵の量は，ほぼ風速の2乗に比例し，船速の2乗に反比例するといわれている。この当て舵の量が船の最大舵角（一般に35°）を超えた場合，保針が不可能となり，自力では操船不能な状態に陥る。

強風下における操船限界の計算例[4.4]を図4.6に示す。この例では，風速船速比 $K (= U_w/U_0)$ および船の進路と真風向の為す角 φ に対する，ある当て舵 δ をとった場合の操船限界が示してある。本船の最大舵角を35°とすれば，あ

らゆる風向に対して自由に操船できる K の範囲は，図中の一点鎖線より下の範囲となる。すなわち，この範囲より大きい K に相当する風速下においては，操舵によって船の進路を自由に制御することが不可能となる。

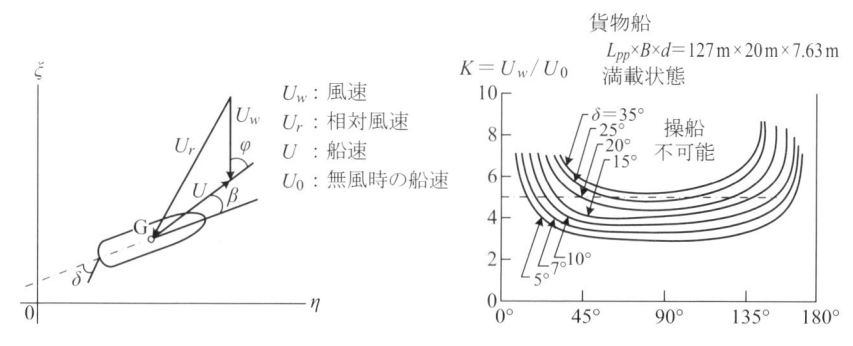

図4.6 風圧下での操船限界の計算例

(2) 後進中

一般に，後進時は船首が風下に落とされ，船尾が風上に切り上がるような回頭作用を受ける。

風が強い場合，舵とプロペラ逆転による回頭作用を利用してこれを制御することは困難である。しかし，たとえば，その場回頭に，後進時における船尾の向風性を利用すれば回頭が容易となる（図4.7）。

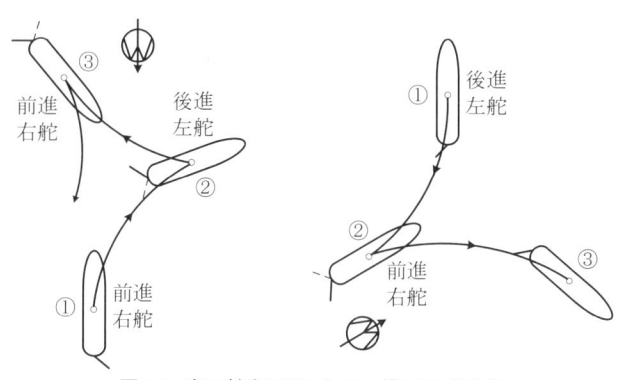

図4.7 向風性を利用したその場回頭法の例

(3) 停止中

船体が停止またはそれに近い状態のときは，一般に，船首がやや風下に落とされ，風を正横後 1～2 点に受けるような姿勢で風下に圧流される（図 4.8）。とくに，船尾トリムの船ではこの傾向が強い。

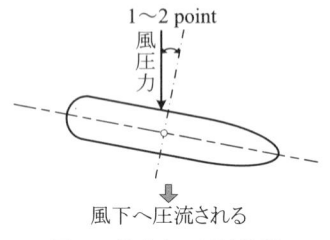

図 4.8 停止中の圧流姿勢

4.2　流れの影響

4.2.1　流圧力と流圧モーメント

図 4.9 に示すように，船が潮流などの流れの影響を受ける場合，船体の水線下に働く流圧力 R_w は次のように表すことができる。

$$R_w = \frac{1}{2} \rho_w C_w V_w^2 \cdot L_{pp} \cdot d \quad (4.2)$$

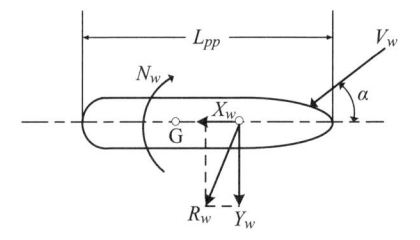

図 4.9 流圧力と流圧モーメント

ただし，ρ_w：海水の密度，V_w：相対流速，L_{pp}：垂線間長，d：喫水，C_w：流圧力係数である。

なお，流圧力は船首尾線方向の分力 X_w と船幅方向の分力 Y_w に分けられるが，船幅方向の分力に比べ船首尾線方向の分力は非常に小さい。このため，流圧力として船幅方向の分力を問題とする例が多い。

$$Y_w = \frac{1}{2} \rho_w C_{Yw} V_w^2 \cdot L_{pp} \cdot d \quad (4.3)$$

ただし，C_{Yw}：流圧横力係数である。

また，船体の鉛直軸周りに働く流圧モーメント N_w は次のように表すことができる。

$$N_w = \frac{1}{2} \rho_w C_{Nw} V_w^2 \cdot L_{pp}^2 \cdot d \quad (4.4)$$

ただし，C_{Nw}：流圧モーメント係数である。

[第4章] 操船に及ぼす外力の影響　63

　タンカーの模型による流圧横力および流圧モーメントの計測例[(4.5)]を図4.10に示す。

　図には流圧横力係数 C_{Yw} および流圧モーメント係数 C_{Nw} が水深喫水比 H/d をパラメータとして示してある。この計測例からわかるように，流圧横力と流圧モーメントは水深が浅くなるにつれて大きくなる。

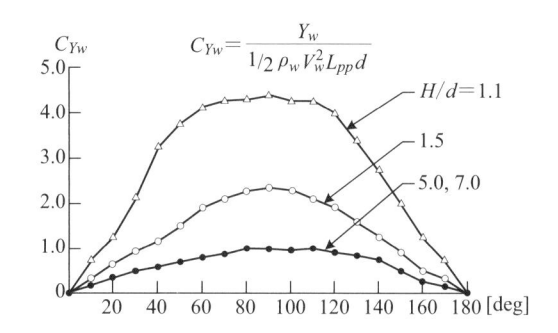

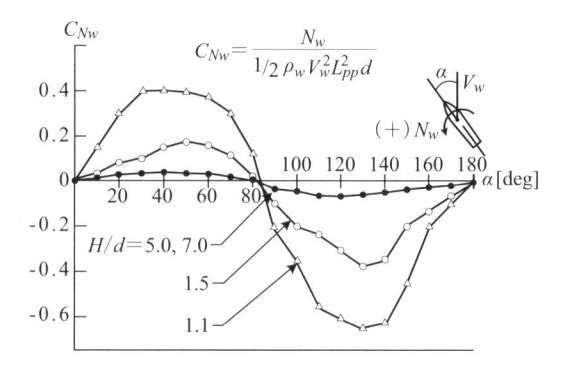

$$C_{Yw} = \frac{Y_w}{1/2\, \rho_w V_w^2 L_{pp} d}$$

$$C_{Nw} = \frac{N_w}{1/2\, \rho_w V_w^2 L_{pp}^2 d}$$

図4.10　流圧力および流圧モーメントの計測例

4.2.2　流れが操船に及ぼす一般的影響

① 流れを船首に受けて航走すると対地速力は減少し，船尾に受けて航走すると増加する。このことは，狭い水道など強い流れのある水域を航行する場合の操舵の判断を誤らせることになる。一般に，順流の場合に比べ逆流の場合は舵効きがよくなる。

② 一様な流れを受けて所定の進路で航進するためには，流圧による偏位（流圧差：lee way）を修正しなければならない。このため，船位の測定，船首目標の利用などの方法により，素早く，かつ的確に流圧差を判断する必要がある。
③ 強い潮流のある狭い水道を通過する場合，ワイ潮，渦など，流向，流速が急に変化する不均一流のある場所では，船体に大きな回頭モーメントが働いて急激な回頭運動を起こし，また，大きく横傾斜することがある。
④ 水深の浅い水域では，流圧力，流圧モーメントが大きくなるので，港内や水深が浅い狭い水道を航行するときにはとくに注意する必要がある。
⑤ 流れのある場所で停止またはこれに近い状態の船を横移動させる場合には，流圧力および流圧モーメントの作用が大きく影響してくるので注意を要する。

4.3 波浪の影響

(1) 波の回転作用によるヨーイング運動

図4.11に示すように，波はその波頂が波の進行方向に，また波の谷ではこれと反対方向に向かって進むような回転運動（orbital motion）を行う。したがって，船が波に対し斜航すると図4.12に示すように，波の作用は矢印の方向に働き，船はヨーイングモーメント（yawing moment）を受ける。

波によるヨーイングモーメントは

① 波の回転運動は水深とともに急激に減少するので，喫水が深いときは小さく，喫水が浅いときは大きい（図4.11）。
② 波の見かけの周期が長いほど大きい。したがって追波のときは大きく，また船の長さと波長が等しいときにも大きい。

(2) 縦揺れと横揺れの合成によるヨーイング運動

波によって船が縦揺れと横揺れを同時に起こすときは，あらたに船の鉛直軸周りにヨーイング運動を起こす。これをジャイロ運動（gyro motion）という。

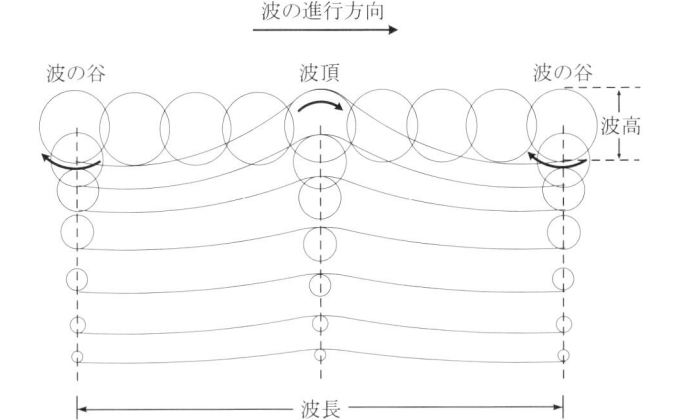

図4.11　トロコイド波の粒子の軌道運動と波の進行

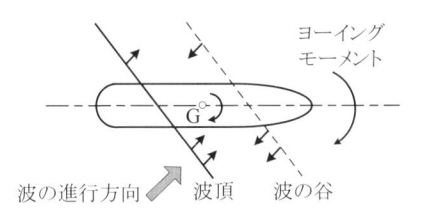

図4.12　波の中を斜航中のヨーイングモーメント

いま，横揺れ周期を T_r，縦揺れ周期を T_p，波の周期を T_w とすれば，それぞれの周期の違いによって次のようなヨーイング運動を起こす。

① $T_w < T_p < T_r$ のとき……波の山に平行になろうとする。
② $T_w = T_p < T_r$ のとき……左右に周期的にヨーイングを繰り返す。
③ $T_p < T_w < T_r$ のとき……波の山に直角になろうとする。
④ $T_p < T_r = T_w$ のとき……左右に周期的にヨーイングを繰り返す。
⑤ $T_p < T_r < T_w$ のとき……波の山に平行になろうとする。

(3) 横揺れに伴うヨーイング

航走中に横揺れすると，船体に当たる水流はある角度を持つため，これによって不安定なヨーイングモーメントを受けヨーイングを起こす。このヨーイ

ングは次の場合に大きくなる。

① 横揺れが大きいとき
② 横揺れ周期が小さいとき
③ 船速が大きいとき
④ 船首トリムのように水面下の側面積が前部に多く分布するとき

(4) 波浪が操船に与える一般的影響
① 波浪が大きいと船速は低下する。
② 大きな波浪中では船首揺れ（ヨーイング）が激しく，保針が困難となる。
③ 波浪との出会い周期（encounter period）と船の揺れ周期が一致するようになると（同調作用），動揺が激しくなり，操船が困難となる。すなわち，縦揺れが同調すると波が船首部船底を激しく叩いてスラミング（slamming）を起こし，プロペラの空転（racing）も激しくなる。また横揺れに同調するとさらに大きく横揺れし，荷くずれを起こして危険な状態になる。
④ 追波の場合，波がわずかに船を追い越すような状態，すなわち，波の出会い周期が非常に長くなった状態では，船は方向不安定となり，突然ヨーイングを起こして波に横倒しとなり（この現象をブローチング（broaching to）という）危険である。

なお，波浪中の危険現象と操船については「7.1　荒天運用」で詳しく説明する。

【参考文献】

(4.1) 気象ハンドブック編集委員会：『気象ハンドブック』朝倉書店 (1984)
(4.2) 辻他：「船体に働く風圧力に関する模型実験」船舶技術研究所報告, 第7巻, 第5号 (1970)
(4.3) 同上
(4.4) 井上, 石橋：「操縦性に対する風の影響 (I)」西部造船会々報, 第44号 (1972)
(4.5) 辻, 森, 山内：「斜航する船体に働く水圧力について（続, 制限水路影響)」船舶技術研究所報告, 第6巻, 第5号 (1969)

第5章
水深の浅い水域，幅の狭い水域などが操船に及ぼす影響

5.1 水深の浅い水域が操船に及ぼす影響

　船が水深の浅い水域を航走するとき，大洋航海中とは異なった現象が出てくることは操船者のよく経験するところである。

　水深が浅くなると，船体の運動によって誘起される流体の運動もまた変化するが，とくに船底への流れが制限されて一部は流速を増して後方へ通過し，他は側方に回って平面的な流れとなり船体周りの水圧分布を変化させる。そのため，船の運動が流体力学的な作用を受けて操船にさまざまな影響を与える。一般にこれを浅水影響（shallow water effect）と呼んでいる。

　操船者は，次のような現象を確認した場合に浅水影響を受ける水域に入ったと判断できる。

① プロペラの回転数に変化がないにもかかわらず，速力が低下する。
② プロペラ起振力が変化することにより，深水域の航行時とは違う船体振動を感じる。
③ 船首で発生する発散波が深水域航行時に比べ広がってくる。

　航行中は，船首から八の字に広がる発散波（divergent wave）と，船首尾線と直交する横波（transverse wave）が発生し，発散波と横波の交点を結んだ線をカスプライン（Cusp line）という（図5.1）。船首尾線とカスプラインの為す角度は，深水中では片舷20°弱であるが，浅水域に入ると角度がこの値より大きくなる。

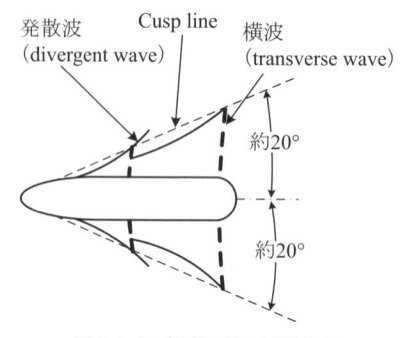

図5.1 深水域における航走波

5.1.1 船体沈下とトリム変化

図 5.2 は，船が航走するときの船体周りの水の圧力分布を模型的に示したものである。図からわかるように，船首および船尾では水の圧力が高まり，船体中央部付近では圧力が降下して流れが速くなる。このために，船首および船尾付近では水位が高まり，船体中央部付近では水位が低下する。その結果，水位の高まったところを山とし，水位の低下したところを谷とした波が造られる。これが造波現象である。この水の圧力変化は，C_b の小さい痩形船型（fine）の場合は小さく，C_b の大きい肥大船型（full）の場合は大きくなる。また船速が増せば圧力変化が大きくなり，造波も増大する。

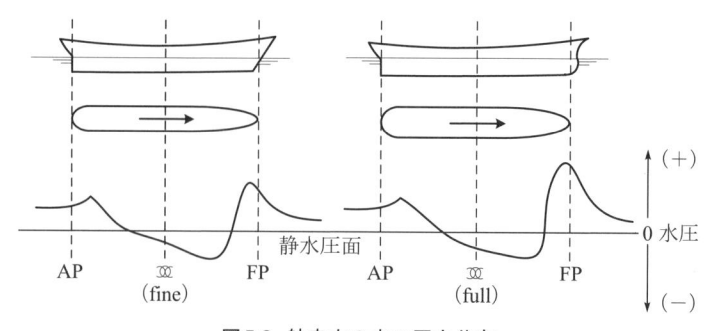

図5.2 航走中の水の圧力分布

[第5章] 水深の浅い水域，幅の狭い水域などが操船に及ぼす影響　69

　一般に，船は航走を始めると，ごくわずかではあるが船体が沈下する。この沈下量は船速のほぼ2乗に比例して大きくなることが知られているが，浅水域では深水域に比較して船体沈下がさらに著しくなる。これは浅水域では船体周囲の流体の速度が増すので，船体表面の静水圧が全体的に低下するためである。このような，浅水域を航走中の船体沈下現象をスコット（squat）という。

　また，船体周囲を流れる水の速度は，船首，船体中央部，船尾で異なるので，水圧分布も変化する。その度合いは水深，速力などにより違ってくるので，船首尾の沈下量に差が生じる。このために，浅水域では船体の平行沈下とともにトリムも変化する。

　図5.3は，3万8000 DWTタンカーの船体沈下についての模型実験結果であり，深水域における船首尾沈下量の変化（実線）と浅水域における船首尾沈下量の変化（点線）がフルード数をベースとして示してある。この実験例から，浅水域においては，速力が増加しフルード数が0.25に近づく付近から急激に船首が沈下して船尾が浮上し，トリムも大きく変化することがわかる。

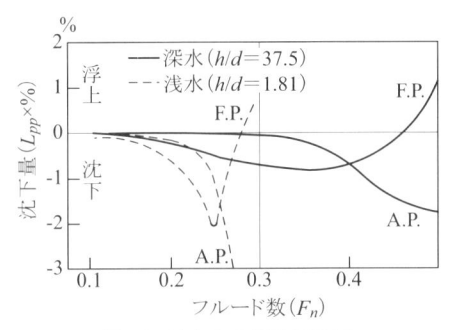

図5.3　航走中の船首尾沈下

　フルード数（Froude number）は，長さの異なる物体の相応速度を示す比較率で，次式で定義される。

$$F_n = U/\sqrt{gL_{pp}} \tag{5.1}$$

ただし，U：船速 [m/sec]，g：重力加速度（9.8 m/sec^2），L_{pp}：船長 [m] である。

5.1.2　スコットの推定式

　スコットについては種々の推定式が提案されているが，Macelreveyは，著書"Shiphandling for the Mariner"[5.1]で，操船の現場で容易に利用できる実用式としてEryuzlu-Hauserの推定式，Tuck-Huuskaの推定式を挙げている。

(1) Eryuzlu-Hauser の推定式

浅水域におけるスコットの推定式である。

$$S_b = 0.113 \left(\frac{T}{h}\right)^{0.27} B \cdot F_{nh}^{1.8} \tag{5.2}$$

ただし，S_b：船首沈下 [m]，B：船幅 [m]，T：喫水 [m]，h：水深，F_{nh} は水深のフルード数（Froude depth number：$F_{nh} = U/\sqrt{gh}$（U：船速 [m/sec]，g：重力加速度（$9.8\,\mathrm{m/sec^2}$））である。

(2) Tuck-Huuska の推定式

浅水域の他，運河，浚渫水路など，制限水路におけるスコットの推定に適用可能な推定式である。

$$\left. \begin{aligned} S_b &= 2.4 \cdot \frac{\nabla}{L_{pp}^2} \cdot \frac{F_{nh}^2}{\sqrt{1-F_{nh}^2}} \cdot K_s \\ K_s &= 7.45 S_i + 0.76 \ (\text{for } S_i > 0.03) \\ K_s &= 1 \ (\text{for } S_i \leq 0.03) \\ S_i &= (A_s/A_c)/K_i \end{aligned} \right\} \tag{5.3}$$

ただし，S_b：船首沈下 [m]，L_{pp}：船長 [m]，∇：排水容積 [m³]，F_{nh}：水深のフルード数，A_s：水面下船体断面積 [m²]，A_c：運河断面積 [m²]，K_i：修正係数（運河の場合 1 とする）である。

5.1.3 速力の低下

　船が浅水域に入ると，船体周囲の流れが平面的になるので，船底部の流れは加速されて摩擦抵抗が増える。また浅水域を航走する際に船首前面に発生する特殊な波は，造波抵抗をさらに増加させることになる。また，水深が浅くなると渦抵抗も増加する。さらに，全抵抗の増加とともに船尾プロペラ付近の伴流も増加するため，プロペラ効率が低下する。

　以上のことから，浅水域では，深水域を航走しているときに比べて速力が低下する。

わが国の巨大船に対する海上試運転の基準[5.2]では，速力試験時の水深（h [m]）を次式によっている。

$$h > 3\sqrt{B \cdot d} \tag{5.4}$$

ただし，B：船幅 [m]，d：喫水 [m] である。

5.1.4 操縦性の変化

浅水域では，一般的に旋回性は悪くなり，追縦性は良くなる。

図 5.4 は，28 万 DWT タンカーの浅水域における旋回性能と深水域における旋回性能の比較結果である。図に示したように，浅水域では深水域より旋回圏が大きくなるが，縦距の増加割合に比べ旋回径の増加割合が大きく，旋回圏が横に広がっている。浅水域において減速旋回（coasting turn）または加速旋回（acceleration turn）を行う場合にも同じような現象が起こるため，操船上，注意を要する。

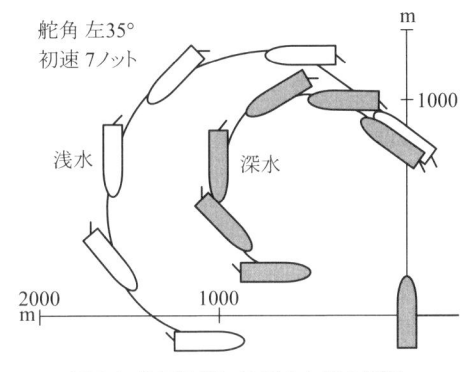

図5.4 旋回性能に及ぼす水深の影響

5.1.5 水深の浅い水域を航行するときの余裕水深

（1）余裕水深の意義

水深の浅い水域では船の安全運航のためにそのときの船の状態，操縦性能，その水域の状況などに応じて，船底と水底の間に水深の余裕を持たせる必要がある。この水深の余裕量を，余裕水深（Under Keel Clearance：UKC）と呼ぶ。

図 5.5 に示したように，余裕水深は

UKC ＝海図上の水深＋潮汐表による潮高－静止時の喫水

で定義される。

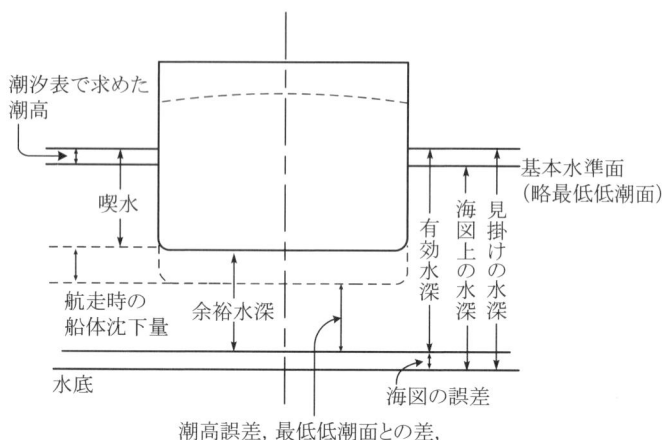

図5.5 余裕水深の意義

(図中ラベル: 潮汐表で求めた潮高、喫水、航走時の船体沈下量、余裕水深、海図の誤差、潮高誤差, 最低低潮面との差, 船体動揺, 安全操船などの余裕量、有効水深、海図上の水深、見掛けの水深、基本水準面（略最低低潮面））

(2) 余裕水深を決めるにあたり考慮すべき事項

① 本船のコンディション

喫水，ホギング，サギング，ヒールの有無，排水量などを確認しておき，要すれば最良のコンディションに調整する。

② 浅水影響による船体沈下，トリムの変化

③ 水深の誤差

海図記載の水深とその時その場所での潮汐表で求めた潮高との和が見掛けの水深であるが，実際の水位はその時の海象・気象条件によって変化し，また海図の水深にも誤差を含んでいる。したがって，実際の有効水深を求めるためには次の諸量に対する修正が必要である。

(i) 基本水準面の低下

日本の水路部発行の海図では，基本水準面（略最低低潮面）を水深の基準面としており，海面がこれより下がることはごく稀であるが，とくに日本海沿岸

では冬季から春季にかけての低潮時に基本水準面以下に下がることがある。

(ii)　海図の誤差

海図記載の水深には測量上の誤差が含まれるが，国際的な基準では，許容誤差は次のようになっている。

水深範囲 20 m 未満：許容誤差 0.3 m

水深範囲 20 m 以上 100 m 以内：許容誤差 1.0 m

(iii)　潮汐表の誤差

潮汐表の最大誤差として，0.3 m を見込んでおけばよい。

(iv)　気象および海象の変化に基づく海面の昇降

風雨，気圧，気温などの気象の変化は，多少，海面の昇降を起こす原因となる。風が海岸に向かって吹くとき海面は上昇し，逆に海に向かって吹くときは低下する。また降雨によって河川または湾口の狭い湾は海面が上昇する。

気圧の変化は，高気圧は海面を下降させ，低気圧は上昇させる。気圧 1 ミリバールの変動は約 1 cm の水位の変動となる。

④ 海水比重の差による喫水の変化

海水の比重が ρ_1 の水域から ρ_2 の水域に入った場合の喫水の変化量 Δd は次式で求める。

$$\Delta d = d_1 \cdot \frac{C_b}{C_w} \left(\frac{\rho_1}{\rho_2} - 1 \right) \tag{5.5}$$

ただし，d_1：海水の比重 ρ_1 の水域における喫水，C_b：方形係数，C_w：水線面積係数である。

⑤ その他

(i)　船体動揺に基づく船体沈下量

船体の横揺れ（roll），縦揺れ（pitch）および上下動（heave）によって起こる船底ビルジ部，船首尾端および船全体の沈下量。

(ii)　主機冷却水取入口の保護

主機冷却水取入口は船底にあるので，泥，砂などの吸入を防ぐために少なく

とも冷却水取入口の口径の 1.5～2.0 倍以上の水深の余裕を確保しておかなければならない。船側に応急用の冷却水取入口を持つ船では，早めに切り替えておく。

(iii) 海底障害物

海底の障害物の他，投下した錨の水底上への突出量（トリッピングパーム幅：tripping palm），底質による水底面の凹凸などについて考慮する。

(3) 余裕水深の基準例

IMO では，マラッカ・シンガポール海峡を通航する喫水 15 m 以上の船舶および 15 万 DWT 以上のタンカーに対し 3.5 m 以上の余裕水深を確保するよう要求している。

5.2 幅の狭い水域が操船に及ぼす影響

5.2.1 船体の沈下

浅水域と同様に，水路幅が制限された運河や浚渫航路を航走する場合，船体によって水路の横断面積が狭くなるので船側の流速が増加して圧力が減少し，船側の水面が低下するため船体の沈下が起こる。(5.3) 式からわかるように，このときの船体沈下量は船体中央横断面積と水路横断面積の比に影響され，また速力の増加に伴って大きくなる。

5.2.2 側壁影響

一般に船が水路の中央を直進するときは，理論的には船に働く流体力は左右舷対称である。しかし図 5.6 に示すように，船体の進路が水路の一方に偏ると，左右舷での流れが非対称となり，一般には直近の壁に吸い寄せられる力（岸壁吸引力またはバンクサクション：bank suction）が働くとともに，船首をその壁から遠ざける方向に回頭モーメントが生じる。これを側壁影響（bank effect）という。

バンクサクションは，船体と側壁との間の流線が狭くなって流速が増し，圧力が減少することにより発生する。また，回頭モーメントは，船首部と側壁との間の水位の高まりによる圧力の増加と，プロペラの吸入流による船尾部と側壁との間の圧力の減少によるものである。

船が水路の中央を航走し，左右の陸岸からまったく対称の力とモーメントを受けるとすれば，船はそのまま釣り合いを保って直進を続けるが，中央針路をとらずにいずれか一方の陸岸に接近して航行するときは，接航により発生する力とモーメントにより船は反対岸に向かって回頭しながら原針路からそれていく。このとき，接航岸へ向けて当て舵をとることによって原針路を保つことができるが，この状態は，舵の力およびモーメント，側壁影響による力およびモーメント，船の横流れによる力およびモーメント（船の斜航による水路中央への横力とモーメント）の3種の力と3種のモーメントがそれぞれうまく釣り合っていることを意味する。したがって，この釣り合いが破れると船体は陸岸に衝突するか，水路中央に向かって航行することとなる。

β：横流れ角
δ：舵角
→ バンクサクションによる力およびモーメント
→ 舵による力およびモーメント
--→ 横流れによる力およびモーメント

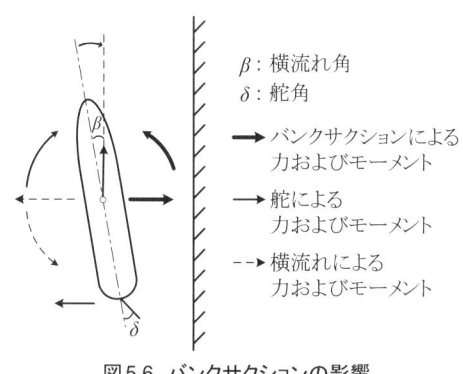

図5.6　バンクサクションの影響

側壁影響は，次のような場合に著しい。

① 水路の航行時，側壁に接近するほど大きくなる。陸岸までの距離 Z と船幅 B の比（Z/B）が1.5以下になると保針が非常に困難になるといわれる。
② 水路幅が小さいほど大きくなり，保針がしだいに困難となる。
③ 船速が速いほど大きくなる。
④ 水深が浅くなるほど大きくなる。
⑤ 肥大船ほど大きく影響を受ける。

したがって，制限水路では，保針に大きな当て舵を必要とするほど側壁に接

近する状況は避け，減速して航行する必要がある。

5.3 2船間の相互作用

2船が接近して航走する場合，互いに他船に対して側壁影響と同じような流体力の作用を及ぼし合う。その結果，各船は左右非対称な力や回頭モーメントを受け，その針路から偏位したり，回頭したりする。このような2船間に起こる流体力の作用によって生じる操船上の影響を2船間の相互作用（interaction between two ships）という。

5.3.1 並航する場合の相互作用

同じ大きさの同型船が同じ船速で並航する場合には，図5.7に示すように両船が接近するにしたがって両船内側の水流速度が速くなり，外側よりも圧力が減少して両船間に吸引力を生じる。しかし，両船間で起こる波およびプロペラによる吸入流の影響を受けて，船首と船尾に働く圧力の均衡が破れ，両船の船首には外方へ転向しようするモーメントが生じる。

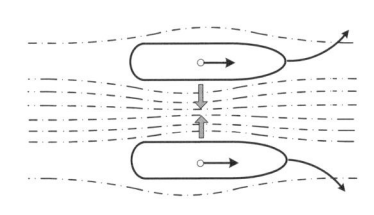

図5.7 並航する場合の相互作用

5.3.2 追い越す場合の相互作用

2船のうち一方が他船を追い越す場合，相互作用の影響が最も大きくなり危険である。図5.8は，大型船が小型船を追い越す場合の2船間の相互作用を模式的に示したものである。

① A船がB船に追いつこうとするこの位置では，Aの船首高圧部とBの船尾高圧部とが重なり，互いに反発しあうが，Bの船尾は大きな反発力を受けるので，船首を針路の内側に向けるような大きな回頭モーメントが働く。

AもBと同じような反発力を船首に受けるが，Bが受ける力に比べて小さい。したがって，Aの船首を針路の外側に向ける回頭モーメントも小さい。
② A船の船首部とB船の船尾部がほぼ重なり合う状態では，①の傾向が強められる。
③ A船の船首がB船の船首に接近したこの位置では，両船とも吸引力が働くが，その作用は，Aでは船首部で強いので回頭モーメントは内側へ向かい，Bでは船尾部で強いためモーメントは外側へ向く。
④ 両船が真横に並んだときに両船とも最も大きい吸引力を受けるが，両船のプロペラ流および船首発散波の影響を受けて，両船とも外向きの回頭モーメントが働く。
⑤ A船がB船を少し追い越した位置では，両船に吸引力が作用するが③の場合より大きい。Aでは船尾を吸引される作用が強いので外向きの回頭モーメントが大きく，Bでは船首部を吸引されるが，自船の船首波のため回頭モーメントは小さい。
⑥ A船がB船を追い越してAの船尾とBの船首が並んだ位置では，全体として反発作用が働き，Aは内側への，Bは外側への回頭モーメントが作用するが，その値は小さい。

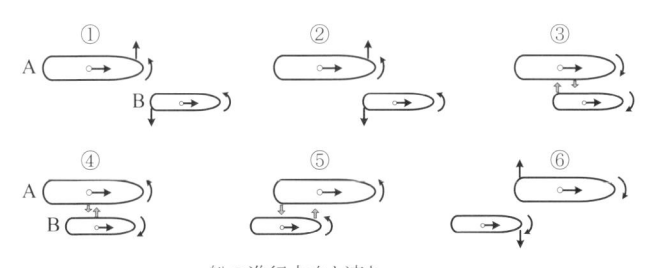

→ 船の進行方向と速さ
⟩ 与えられる回頭モーメントの方向
→ 反発力，長さはその大小を表す
⇒ 吸引力，長さはその大小を表す

図5.8　追い越す場合の相互作用

5.3.3　行き会う場合の相互作用

2 船が平行針路で接近して反航する場合にも，2 船間に強い吸引・反発の力および回頭モーメントが作用する。

図 5.9 は，同型で大きさの等しい 2 船の行会い時における相互作用を模式的に示したものである。

① 両船の船首が真横に並んだときは，船首の高圧部は互いに干渉して船首内側は外側より高圧となり，そのため両船首は反発して外側への回頭モーメントが働く。
② さらに進航して船首が他船の長さの中央部まで進んだとき，船首高圧部は他船の中央部の低圧部と干渉するため，外側より低圧となって吸引力が働き，両船とも内側への回頭モーメントが働く。
③ 両船が真横に並ぶと船体中央部の低圧部が重なり合い，ますます低圧となるため吸引力が大きく作用するが，横移動の抵抗が大きいので急には接近しない。
④ 両船がさらに進航して，その船尾が他船の中央に重なる位置では，船尾は他船の中央部の低圧部と干渉して吸引力が作用するため，互いに外側への回頭モーメントが働く。この場合，プロペラ吸入流，船尾発散波の影響によって，回頭モーメントは ② の場合よりも大きい。
⑤ 両船尾が真横に並ぶ位置では，両船尾の高圧部が干渉して反発力が働き，内側への回頭モーメントが働くが ① の場合よりも小さい。

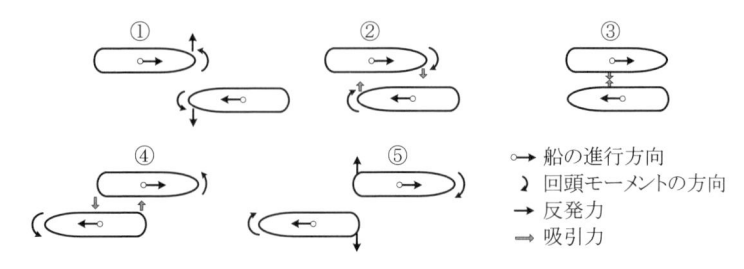

図5.9　行き会う場合の相互作用

5.3.4 係留船舶との相互作用

　岸壁などに係留している船舶の至近を高速で航行する場合，係留船舶との相互作用が大きく現れ，係留船舶にサージング（surging），ヨーイング（yawing），スウェイング（swaying）などの船体運動を引き起こす。係留船舶の船体運動が大きくなれば，係留索の切断，ガントリークレーンなどの荷役設備の損傷，フェンダーの損傷などの事故につながるので注意を要する。

　航行船舶と係留船舶との相互作用には次の特徴がある。

　① 相互作用は航行船舶の速力の 2 乗に比例して大きくなる。
　② 相互作用は両船間の距離が近いほど大きくなる。
　③ 相互作用は航行船舶の UKC が小さいほど大きくなる。
　④ 相互作用は航行船舶の排水量が係留船舶より大きいほど大きくなる。

　したがって，とくに浅水域においては，係留船舶と十分な距離を保って可能な限り舵効を維持できる最小の速力で航行することを心掛ける必要がある。

　また，港によっては係留船舶との最小航過距離，航行速力について基準を設けている場合もあるので，事前に航行規則を調査しておくのがよい。

【参考文献】

（5.1）MacELREVEY D. H. :「Shiphandling for the Mariner，4th edition」Cornell Maritime Press（2004）
（5.2）日本造船学会試験水槽委員会 :「巨大船の海上試運転施行方案の試案作成について」日本造船学会誌，第 422 号（1966）

第❻章

一般操船

6.1 アプローチ操船と入出港計画

6.1.1 アプローチ操船と操船者のタスク

　港外から所定の進路を保持しつつバースに接近し，バースの前面において船体を停止させるまでの操船をアプローチ操船と定義すれば，アプローチ操船の計画から実施に至る操船者のタスクを，次のように整理することができる。

① 環境情報の収集

　操船者は，港湾の地勢，桟橋に至る航路の形状，障害物の有無，交通法規，船舶の輻輳度などの港湾情報および当時予想される風潮などの気象・海象情報を収集する。これには，海図，水路誌，天気図などを使用する。

② 針路法の立案

　操船者は，環境情報と本船のコンディションを考慮しながら，桟橋へのアプローチを行う最適な航路を選定し，針路法を立案する。この場合，本船の性能を考慮した上で特段の支障がなければ，水路誌の推薦航路と針路法とすることが多い。

③ 速力逓減計画の立案

　航海速力から港内速力とした後，順次減速しながら計画航路を進み，アプローチ地点に停止させるまでの速力制御と停止操船を計画する。速力逓減計画は，本船固有の速力逓減標準に基づき，本船が過去に行った操船の記録，船体コンディションなどを参考にして作成する例が多い。

④ 操船の実施

操船者は，針路法と速力逓減計画に基づいて操船を行う。このときの船体運動の制御方法を操船の局面毎に整理すれば，操舵による保針および変針，主機またはプロペラ操作による減速および停止であり，出船係留の場合はその場回頭が加わる。これらの操船・制御は，一般に操船者の経験則に基づいて行われる。

6.1.2　入出港計画

入出港計画の立案に際しては，とくに次の事項を考慮する必要がある。

(1) 泊地の選定

錨泊に適切な泊地の選定にあたっては，とくに次の点について考慮する必要がある。

① 周囲の地勢が天候異変の際にも安全であること。
② 本船のコンディションに見合った水深であること。
③ 底質がよく，錨かきのよい場所であること。
④ 航路筋より離れ，かつ広い場所であること。
⑤ 付近に障害物がないこと。
⑥ 危険物など，積荷によっては，港長から錨地の指定を受ける場合があること。

(2) 航路の選定

航路の選定にあたっては，次の事項を勘案する。

① 航法について，交通法規に特段の規定があればそれに従う。
② 積荷の状況，喫水，トリムなど，本船のコンディション
③ 本船の操縦性能
④ 当時予想される気象，海象の影響

⑤ 停泊船の状況
⑥ 航行船舶の輻輳度
⑦ 本船のコンディション，性能を考慮した上で特段の支障がなければ，推薦航路とするのがよい。

(3) 操船目標の設定

地勢，水深，危険物の存在，航路標識，潮流など，水路調査を綿密に行い，操船目標を設定しておく。操船目標は，次のような点に注意して設定する。

① 導標線を設定するが，重視線（transit）を導標線とするのが最もよい。重視線を利用すれば，コンパスで確認することなくコースラインからの偏位を判断できる。
② 船首目標，船尾目標は明確なものを選ぶ。とくに夜間においては，灯火を見誤まらないようなものとする。
③ 太陽，月の位置あるいは気象状況によっては，計画した船首目標が利用できない場合もあるので注意を要する。
④ 操船目標の選定は，船位を確認する上でも重要である。
⑤ レーダ，ECDIS の併用も重要かつ有効である。
⑥ 変針目標は正横近くの顕著な物標とし，次の船首目標が得られるよう針路を設定する。このとき，大角度の変針は極力避けなければならない。

(4) 避険線の設定

暗礁や浅瀬などの航行上の障害を確実に避けて，安全な航行を確保するための操船上の予防線を避険線という。

避険線の設定にあたっては簡単，明瞭を第一とし，操船上，煩雑となってはならない。

実務上よく行われる避険線の設定方法には次のものがある。

① 2 物標の重視線

2 物標の重視線は船首目標と同時に，避険線としても利用できる。図 6.1 に

図6.1 2物標の重視線

図6.2 顕著な物標の方位線

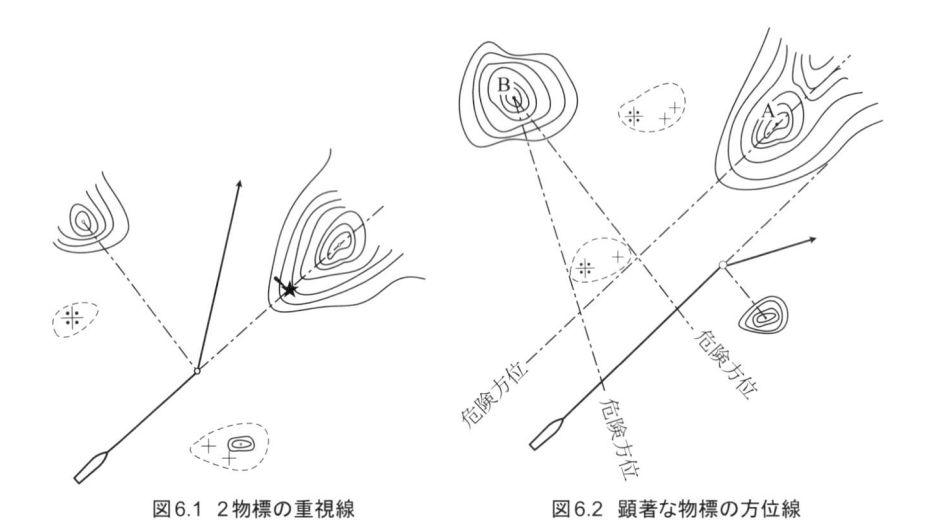

おいて，2物標の重なりから右または左に外れていれば，障害物に接近していると判断できる。

② 針路の前方または側方にある顕著な物標の方位線

顕著な物標からの方位線を避険線として利用する。この方位を，危険方位（danger bearing）という。図6.2においてA物標の方位は危険物に対して，船の横方向への接近を，B物標の方位は船の進行方向での接近と通過を知ることができる。

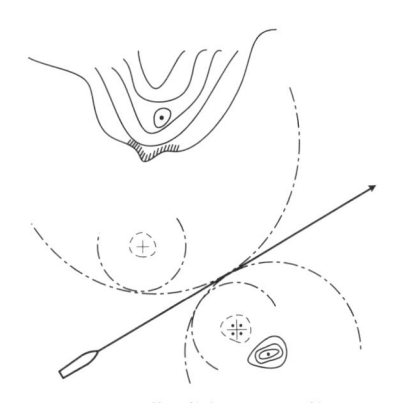

図6.3 顕著な物標からの距離

③ 顕著な物標からの距離

障害物を避けるために，あらかじめ顕著な物標からの距離を求めておき，レーダによってその距離内に入らないよう操船する方法である（図6.3）。

6.1.3　入出港操船における一般的注意事項

入出港操船は，制限水域における低速力での操船となることが多く，次のことに注意する必要がある。

① 港内では操船が困難とならない程度の速力とする。港内速力を決定するにあたり考慮すべき事項は次のとおりである。
　(i) 錨を使って船の前進行き脚を止めることができる程度の速力とする。
　(ii) 後進全速としてから，行き脚が止まるまでの進出距離をなるべく短くする。
　(iii) 外力，とくに風と潮は場所や日時によって変化するので，その影響を考慮する。
　(iv) 積荷の状況，喫水，トリムなど，本船のコンディションを考慮する。
　(v) 港内の広さ，水深，障害物の有無
　(vi) 停泊船の状況および航行船舶の輻輳度
　(vii) 視界の良否
② 速力を落とすと舵効が減殺し，また，相対的に風，潮流など，外力の影響を大きく受ける。この場合，主機関を短時間使用して舵効を得るような操船を行えばよい。
③ 浅水影響，側壁影響などに注意する。
④ 停泊船および離着桟作業中の船舶には接近しないようにする。

6.2　係岸施設と係船浮標

6.2.1　係岸施設

係岸施設には次のようなものがある。

(1) 埠頭

埠頭（wharf）とは，一般的には岸壁や桟橋などの係岸設備，上屋(うわや)（shed），荷役などに必要な陸上設備を含めた施設をいう。狭い意味では岸壁と同じ意味で用いられる。

(2) 岸壁

岸壁（quay）は海岸線，河岸などに平行あるいは直角方向に突き出して造られ，石材，コンクリートなどを主材として水底から垂直に構築されている。海岸線と平行なものを平行岸壁，直角に突出したものを突堤岸壁と呼んでいる（図6.4）。岸壁は，水の流れを速めたり，あるいは遮断するため，その影響による水流の変化が操船に影響を及ぼす。

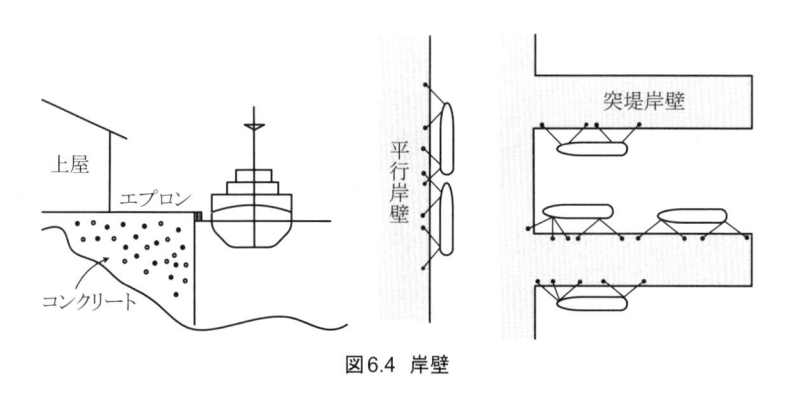

図6.4 岸壁

(3) 桟橋

桟橋（pier）は，水中に立てた支柱に梁(はり)および桁(けた)を渡して床を張った橋梁型のものをいう。海岸線または河岸に沿って平行に造られたものを横桟橋といい，突出するものを縦桟橋と呼ぶこともある（図6.5）。桟橋は水面下が支柱のみなので流れは自由であり，この面からの操船上の影響はとくにない。

図6.5　桟橋

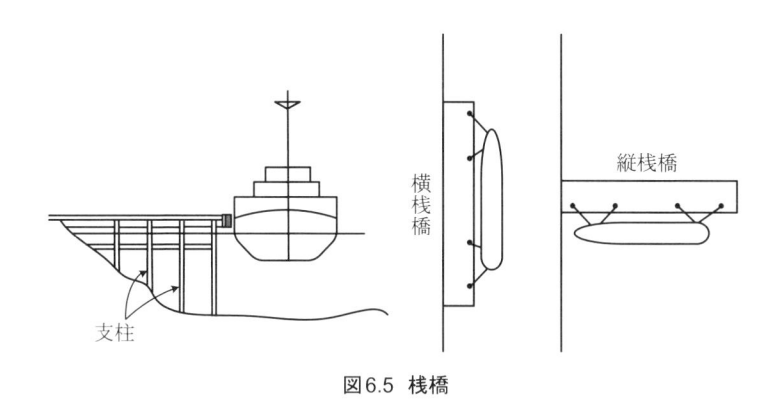

(4) ドルフィン

　ドルフィン（dolphin）はパイル（杭，pile）を組み合わせて造った係船設備で，水深が十分でない沖合，ドックの入口その他，流れのある水域などに設けられる。図6.6は，タンカー用のドルフィンの一例で，作業床には荷役施設や保安設備が設けられ，送油パイプが導かれている。接岸ドルフィンは船側の直線部分が接舷できるよう船の長さの1/3以上の間隔を持たせて配置してある。ムアリングドルフィンは，接岸ドルフィンとともに船からの係留索を係止するのに用いられる。ドルフィンは，水面下にあるのは支柱のみで水の動きがほとんど拘束されず，構造面からの操船上の影響はとくにない。

A：作業床
B：接岸ドルフィン
C：ムアリングドルフィン
D：パイプウェイ
　　（サイドウォーク）

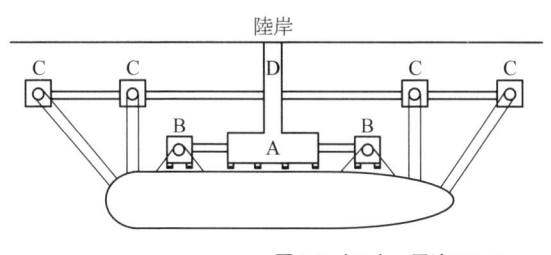

図6.6　タンカー用ドルフィン

(5) 浮桟橋

浮桟橋（floating loading stage）は海岸線からポンツーン（pontoon）を出し，錨，錨鎖などで固定したもので，水深の深いところや流れの速い場所に使用される。小型船用が多い。この浮桟橋は流れに拘束されず，また潮の干満にも影響されない（図6.7）。

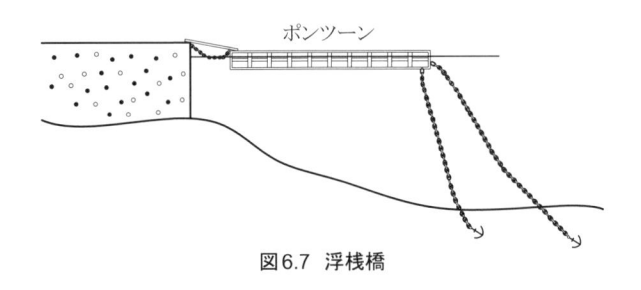

図6.7　浮桟橋

(6) 物揚場

はしけから貨物を積卸しするための斜面または石段のある岸壁を物揚場（lighter's wharf）と呼んでいる。

(7) 突き出し

海岸，河岸などから水面に突き出して設けられた，突堤と防波堤を兼ねた小規模の係船堤を突き出し（jetty）と呼んでいる。

6.2.2　係船設備

船舶を係留するバース（berth）には，係船索用の係船柱，防衛設備としてフェンダが設置される。

係船柱には，曲柱（bitt）と直柱（storm bitt）がある。曲柱は，通常時の船舶の係留や離接岸に使用されるもので，バースの水際線に沿って設置される。直柱は，荒天時に使用するもので，バースの両端付近に水際線からできるだけ離れた位置に設置される。係船柱の強度，設置数，設置間隔は，係留が想定され

る最大船型の総トン数に応じて決定される。

　フェンダは，通常の場合，係留が想定される最大船型が 10～15 cm/sec の接岸速度で接岸することを想定し，このときのエネルギを吸収するに十分な強度を持つものが設置されている。実船の操船においては，接岸速度を 5～7 cm/sec 程度とするのが一般的である。

6.2.3　係船浮標

　船舶の係留用として設置されたブイを係船浮標（ムアリングブイ：mooring buoy）という。ムアリングブイはその港の恒風の方向，最多風の方向，最多暴風の方向，潮流の方向，港湾の形状および面積，底質などを考慮して設置される。

（1）係船浮標の構成

　図 6.8 は，標準的なこま型沈錘錨鎖式係船浮標の構成を示したものである。グランドチェーン（ground chain）は，その港における強風最頻度方向あるいは流れの移動方向に沈錘を中心として X 字型に 4 本，Y 字型に 3 本，あるいは反方向に 2 本というように設置されているので，ブイ近辺における投錨操船は慎重に行なわなければならない。

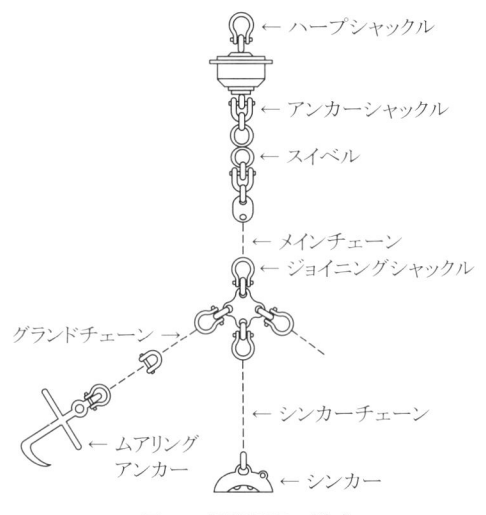

図6.8　係船浮標の構成

（2）シーバース用係船浮標

　大型タンカーの係留に用いられるシーバース用係船浮標は，タンカーからの油を荷揚げし，陸上タンクに移送するための油送ホースや油送パイプを備えて

いるのが特徴である。このブイは，一般に SBM（Single Buoy Mooring）あるいは SPM（Single Point Mooring）と呼ばれる。また，シーバースは，港内泊地に比べて気象，海象条件が厳しいので，船の係留の安全，油送ホースなどの保護，荷役作業の安全などについて格段の配慮がなされている。

シーバース用係船浮標の一例として，イモドコブイ（IMODCO buoy：International Marine and Oil Development Corp. buoy）の構成を図 6.9 に示す[(6.1)]。この例ではブイの下端に固定した 4 本のチェーンを四方に配置したアンカーに連結し，チェーンの中間にはコンクリート製のクランプを吊り，チェーンおよびアンカーへの衝撃を吸収させて係留能力を高めている。

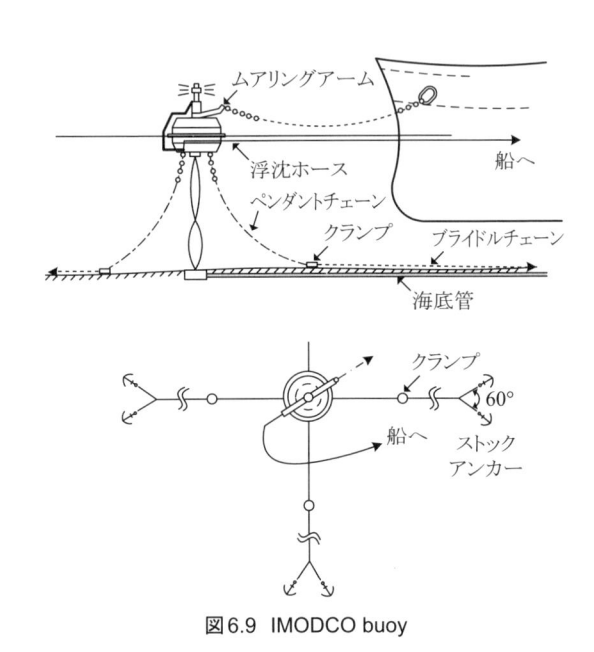

図 6.9 IMODCO buoy

6.3 錨泊法

6.3.1 把駐力と錨鎖伸出量の算定

（1）錨および錨鎖の把駐力

船が 1 つの錨で停泊すると図 6.10 に示すように，外力に対応して錨と錨鎖は把駐部（holding part）と懸垂部（catenary part）を形成する。把駐部は，船体に働く外力に抵抗して最終的には船を係駐させる力をつくる。この抵抗力を錨および錨鎖による把駐力（holding power）という。

把駐力は，錨および錨鎖と水底との摩擦と土圧に基づくもので，把駐部の錨および錨鎖の重量との倍数比をとって，それぞれ，錨の把駐係数（holding power ratio of anchor），錨鎖の把駐係数（holding power ratio of cable）といい，錨および錨鎖の把駐効率を表すのに用いる。

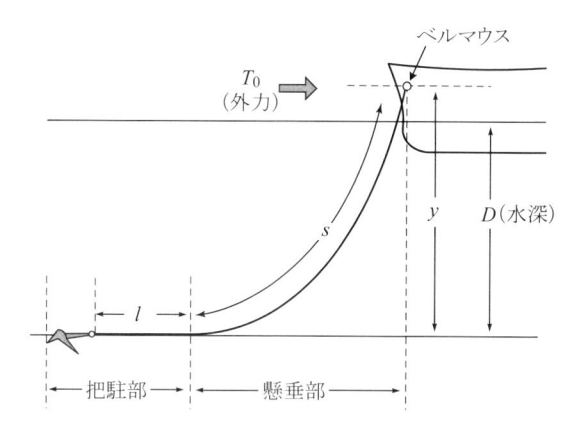

図6.10 単錨泊における懸垂部と把駐部

船が単錨泊で係泊するときの把駐力 P は次式で表される。

$$P = \lambda_a \cdot w_a + \lambda_c \cdot w_c \cdot l \tag{6.1}$$

ただし，λ_a：錨の把駐係数，λ_c：錨鎖の把駐係数，l：把駐部の錨鎖の長さ，w_a：錨の重量，w_c：錨鎖単位長さ当たりの重量である。

このように，把駐力は，錨の重量，錨鎖の重量と長さおよび底質毎に異なった値をとる把駐係数によりほぼ決定されると考えて差し支えないが，錨が正常な姿勢で水底にかきこんでいない場合には把駐力が減少するので，注意を要する。一般に，底質が砂泥質，粘土質の場合に錨かきがよく，軟泥質の場合はよくないといわれる。また，底質が砂礫や岩などの場合は，さらに錨かきが悪くなる。一般商船でよく用いられる AC14 型錨が正常な姿勢で水底にかきこんだ場合の把駐係数および錨鎖の把駐係数（摩擦抵抗係数）は，実用上，表 6.1 に示した値を見込んで差し支えないようである。

表6.1 錨・錨鎖の把駐係数

底質	錨把駐係数 (AC14)	底質	錨鎖摩擦抵抗係数
Sand	8	Mud	1.0
Blue clay	10	Sand	3/4
Rock with layer of mud & sand	2.4		

(2) 錨鎖伸出量の算定

図 6.10 に示すように，錨鎖の錨孔（ベルマウス：bell-mouth）から水底に接するまでの部分を懸垂部という。この部分は，ほぼ懸垂曲線を形成し，その長さ s は次式で与えられる。

$$s = \sqrt{y\left(y + \frac{2T_0}{w'_c}\right)} \tag{6.2}$$

ただし，s：錨鎖の懸垂部長さ，y：水底から錨孔までの高さ，T_0：船体に働く水平力，w'_c：錨鎖単位長さ当たりの水中での重量である。

錨泊にあたっての必要な錨鎖伸出量 S は，懸垂部錨鎖長 s と把駐部錨鎖長 l の和であるから

$$S = s + l = \sqrt{y\left(y + \frac{2T_0}{w'_c}\right)} + \frac{P - \lambda_a \cdot w_a}{\lambda_c \cdot w_c} \tag{6.3}$$

となる。

ここで，懸垂部は直接的には把駐力とはならないが，船体の振れ回り運動や波浪による衝撃力を緩和し，錨を安定状態に保つ役目を担っていることを忘れてはならない。

錨泊時の錨鎖伸出量については，予想される外力に対応して (6.3) 式により計算することができるが，従来から経験的に次のような錨鎖伸出量の目安が与えられている。

通常の錨泊　　$S = 3D + 90$ [m]
荒天時の錨泊　$S = 4D + 145$ [m]

ただし，D：水深 [m] である。

6.3.2 錨泊法

錨を使用して船舶を停泊させることを錨泊（anchoring）というが，泊地の状況，気象・海象，本船のコンディションなどによって錨泊法が異なる。

(1) 錨泊の方法

① 単錨泊 (lying at single anchor)

1つの錨で錨泊する方法で，錨泊水域が広い場所，あるいは一時的に錨泊するときに行う。単錨泊は投錨，揚錨が簡単であり，1つの錨の把駐力を最大限に利用でき，緊急の場合には直ちに他方の錨を使用することができるなどの長所を持つ反面，船が振れ回るために広い錨泊水面を必要とするという短所を持つ。

② 双錨泊 (mooring)

両舷の錨を180°逆方向に入れて錨泊する方法で，泊地の狭いところ，あるいは港の防波堤内の錨泊にはこの方法を強制される場合が多い。双錨泊にすると船の振れ回りが小さくなり，狭い泊地に適しているという長所を持つが，一方，投錨，揚錨に時間がかかり，錨泊中に搦(からみ)錨鎖になりやすいという短所を持つ。

③ 2錨泊 (lying at two anchors)

双錨泊以外の，両舷錨を使用して錨泊する方法で，荒天時にはこの方法がとられる。

(2) 単錨泊の操船法

単錨泊を行う操船方法として，後進投錨法と前進投錨法がある。

① 後進投錨法

船が予定錨地に達した時点で後進惰力を与えて投錨し，そのまま錨鎖を伸出して所要の錨鎖長で錨泊する方法で，一般商船において広く行われている投錨法である。

《長所》
 (i) 船体や錨鎖に過度の応力を与えることが少ない。
 (ii) ウインドラスのブレーキ操作によって，投錨後の錨かきをよくすることができる。

(iii) ウインドラスのブレーキによって，船の後進惰力を無理なく制御することができる。
(iv) 前方の水域があまり広くない場合にも安全である。

《短所》
(i) 前進投錨法に比べ投錨作業に時間がかかる。
(ii) 外力の影響が大きいと保針操船が難しく，予定錨地に正確に投錨することが困難な場合がある。

② 前進投錨法
　船に，ある程度の前進惰力を持たせて投錨針路に入り，予定錨地に達したときに投錨，そのまま錨鎖を伸出しながら所要の錨鎖長で錨泊する方法である。

《長所》
(i) 保針操船が容易で，予定錨地に比較的正確に投錨できる。
(ii) 錨鎖をまっすぐに伸ばすことができ，水底で団子状になることが少ない。
(iii) 後進投錨法に比べ，錨泊作業を短時間で終えることができる。

《短所》
(i) 前進惰力を持たせて投錨するため，錨鎖と船体との接触により，錨鎖や船体を損傷させることがある。
(ii) 前進惰力が過大な場合，ウインドラスのブレーキによる制御が困難となり，錨鎖の切断，ウインドラスの破損などの事故を起こすことがある。
(iii) 前方の水域に余裕が必要である。

　前進投錨法は，一般商船では特殊な場合を除きほとんど行われない。ただし，軍艦が編隊で錨泊するような場合には，予定錨地への正確な投錨が要求されるのでこの方法がとられる。

(3) 双錨泊の操船法
　双錨泊を行う操船法として，前進投錨法と後進投錨法がある。
　双錨泊では，そのときの投錨針路によって第1錨と第2錨の方向，すなわ

ち，2錨線の方向が決まるので，投錨針路は慎重な事前調査によって決定する必要がある。一般的にはこの2錨線は恒常風の方向，流れの方向に一致させるように選ぶ。また，予想される風や流れの変化に対応して錨鎖を搦(から)ませないようにするためには，どちらの舷の錨を第1錨として使用するかを事前に決めておかなければならない。たとえば，図6.11のように，風向が反時計回りに変化することが予想される場所において前進投錨を行う場合には，左舷錨を第1錨，右舷錨を第2錨とするのがよい。この選択を誤ると搦錨鎖となりやすい。

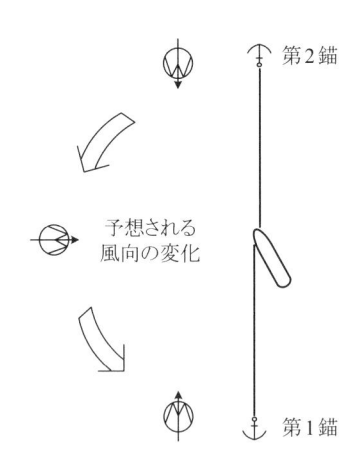

図6.11 双錨泊時の錨の決め方（前進投錨法）

① 前進投錨法

前進惰力によって行う双錨泊をランニングムア（running moor）またはフライングムア（flying moor）という。図6.12はその操船法である。

本船を投錨針路に乗せ，前進惰力で進みながら第1錨を予定地点で投下する（a）。そのまま予定針路上を進航し，錨鎖を予定した双錨泊錨鎖長の和に相当する長さよりさらに1/2～1節程度余分に伸出したときのbにおいて第2錨を投下する。この時点では前進惰力は減殺されている。第2錨の錨鎖を徐々に伸出しながら第1錨の錨鎖を巻き込み，両舷錨鎖が予定伸出量になれば十分に張り合わせてcの位置で係止する。このとき，錨鎖のジョイニングシャックル（joining shackle）は甲板上に置くようにする。これは錨鎖が搦んだ場合にそれを解く用意のためである。

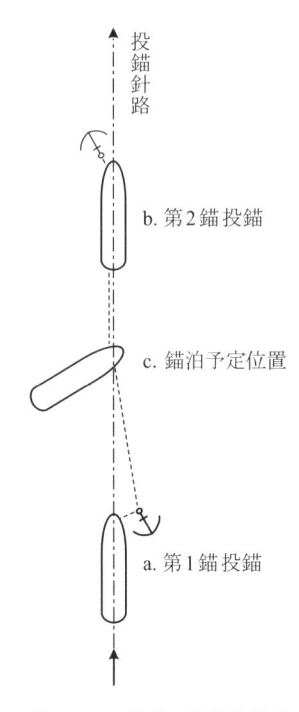

図6.12 双錨泊の前進投錨法

前進投錨は，操船，投錨操作が容易であり，とくに保針しやすいので予定泊地に比較的正確に錨泊することができ，一般にこの方式による双錨泊法が多く用いられる。

② 後進投錨法

　第1錨投下後，後進惰力によって行う双錨泊法をオーディナリームア（ordinary moor）という。この操船法は，前進投錨法と逆の手順で行われ，図6.12のbにおいて第1錨を，aにおいて第2錨をそれぞれ投下して，cの位置で係止する。

　後進投錨は，前進投錨法の欠点である船体および錨鎖への過度の応力を与えることを防ぐことができるが，その反面，姿勢の保持や保針操船が困難で，予定の泊地に錨泊することができない場合もあり，あまり用いられない。

(4) 2錨泊法

　強風あるいは波浪のある水域で錨泊するときは外力の影響が大きいので，船体の振れ回りを緩和するとともに把駐力の増大を計るため，両舷の錨を使用して錨泊する。この錨泊法を2錨泊（lying at two anchors）といい，図6.13が一般的である。

① 両舷錨を同等の長さで使用する法

　両舷の錨を左右に投じ，両錨鎖をほぼ同じ伸出量として係泊する方法で，図6.13(a)がこれである。両錨鎖のなす角 θ は，錨泊の狙いによって決める。

(a) 両舷錨を同等の長さで使用する法

(b) 片舷の錨を振れ止めに使用する法

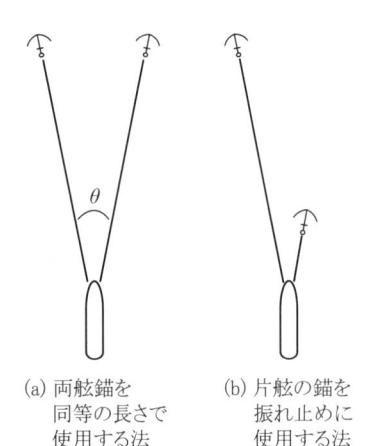

図6.13　2錨泊

(i) 振れ回り運動を抑え，把駐力を増す場合には60°程度とする。

(ii) 把駐力の増大を期待する場合には20〜30°程度とする。

　したがって，台風の襲来などが予想されるときには，最初から(ii)の方式を

とるのが賢明である。ただし，風向の変化を考慮して，錨鎖が搦まないように2錨の位置を決める必要がある。

② 片舷の錨を振れ止めに使用する法

単錨泊中に強風のため船体の振れ回りや動揺が激しくなると，錨鎖に過大な外力が加わり，錨鎖の切断，あるいは走錨の原因となる。これを緩和する目的で，図6.13(b)のように他舷の錨を投下し，錨鎖長を水深の1.25～1.5倍程度として使用する方法である。

6.3.3　特殊な錨作業

(1) 深海投錨

水深が25m以上の泊地では，あらかじめ水底近くまで錨を繰り出してから投錨する深海投錨により錨泊する。これは，水深が深い場合には錨の落下速度が速くなり，錨の損傷，錨鎖の切断，錨鎖の放出，ウインドラスの故障などの重大事故を起こしやすいことによる。

深海投錨は次の要領で行う。

① あらかじめ，本船が投錨できる水深の限度を知っておく。これは水深があまりに深い場合，ウインドラスの力が不足し，揚錨が困難になる場合もあることによる。

② 錨の繰り出し（walk back）は前進惰力が小さくなってから行う（一般に2～3ノット）。また，投錨までに船の惰力を減殺しておく。

③ 水深50mまでは，錨を水底近くまで繰り出しておいてから，ウインドラスのブレーキ操作で投錨してよい。この場合，錨鎖が錨の上に団子にならないよう注意する。

④ 水深50m以上では，ブレーキ操作による投錨が危険となるので，錨をウインドラスで繰り出して，水底に置くような要領で錨泊態勢に入る。

⑤ 水底が急傾斜している場所では，予定錨地の水深長の錨鎖を繰り出しておき，ごく小さな惰力で錨地に接近し，錨が水底に接したならば，そのまま錨鎖を伸出して錨泊する。

(2) 検錨

　底質が泥の錨地に長期間停泊する場合，河江など流れのある水域で流動する泥砂の多い場所に停泊する場合には，錨および錨鎖が泥中に埋もれて揚錨が困難になることがある。また，長期間錨泊した場合には，船体の振れ回りによって錨鎖に捩れが入り，ウインドラスによる捲き込みが不能になることがある。これらの事態を避けるために，適当な時機にいったん錨を捲き揚げ，再び投錨して錨泊する（一般に他舷錨を使用する）。これを検錨（sighting anchor）という。

(3) 捨錨

　天候の急変その他やむを得ない理由で急ぎ抜錨する必要が生じたとき，あるいは揚錨が不可能になったときなどには，使用している錨鎖を切断しなければならない。これを捨錨（slipping anchor）という。この場合，錨，錨鎖を揚収するためのアンカーブイ，ワイヤロープを接続してから錨鎖を切断する。

(4) クリアホーズ

　双錨泊あるいは2錨泊したときには，風潮の影響で両舷錨鎖が搦む（foul hawse）ことがある。このときには時機をみて速やかにこれを解き，常に正常な状態（open hawse）に戻しておかなくてはならない。この搦錨鎖を解くことをクリアホーズ（clear hawse）という。この作業を容易にするためには，双錨泊時にはジョイニングシャックルを甲板上に置いておくのがよい。搦錨鎖を解くためにタグを使用する場合もある。

6.3.4　一般操船時の錨の利用

　錨は錨泊の用具として用いる以外に，操船の補助として広く利用される。操船にあたって錨を利用する場合には，とくに次の点に注意しなければならない。

　① 水底に障害物がなくクリアであること。多くの場合，錨を引きずる

(dredge anchor) ことになるからである。
② 錨鎖に過度の応力を与えないこと。機関の使用に注意し，過大な惰力によって錨鎖に衝撃力を与えないようにする。
③ 錨を引きずるときには水深，底質を十分考慮して錨鎖長を決め，過度の把駐力を持たせないようにする。
④ 船体，外板を損傷させないよう，錨，錨鎖の取扱いは十分慎重に行う。
⑤ 目的に応じた錨の使用をし，無理をしてはならない。あくまでも操船上の一便法である。

錨は，操船を補助するため，次のように使用される。

(1) 回頭の補助

錨を投じ，錨鎖を水深の 1.5 倍程度繰り出し，錨を引きずりながら，いわゆる用錨回頭（dredging round）させる使用法が一般的で，外力の影響や水域が狭いため，推進器や舵のみでは回頭が困難なときに利用される（図 6.14）。

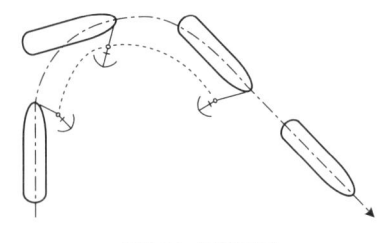

図 6.14　用錨回頭

(2) 行き脚の制御

錨を投じて錨鎖を水深の 1.5 倍程度伸出し，これを引きずりながらブレーキの役目をさせるもので，とくに係岸操船に有効で，舵効を保ちながら接近速度を制御できる。

(3) 横移動の制御

係岸時に岸壁近く（3～4 節の距離）で投錨し，錨鎖を徐々に伸出すれば，接岸速度を任意に調整できる。前記 (2) の状態から錨鎖を伸出してこの状態に入る場合が多い（図 6.15）。また，離岸のときに錨鎖を徐々に捲き込めば，船を横方向に移動できる。

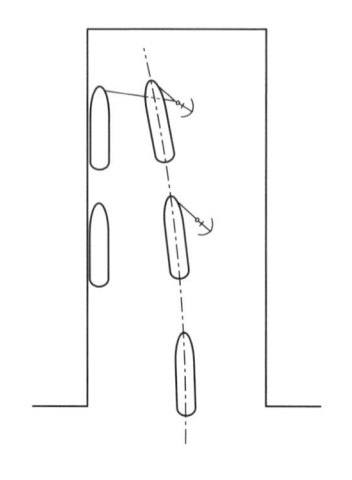

図6.15 接岸時の錨の利用
　　　（行き脚および横移動の制御）

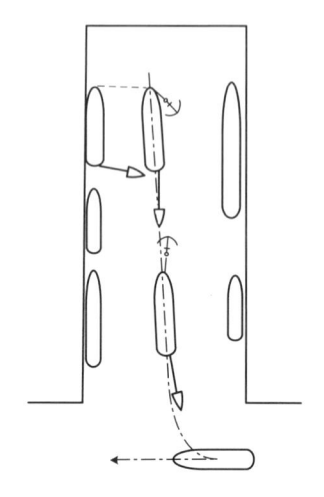

図6.16 離岸時の錨の利用
　　　（横移動の制御と保針の補助）

(4) 保針の補助

　狭い水域や風，潮流など外力の影響がある場所で船を後進移動させるときには，タグで船尾を引かせ，錨を投じ，錨鎖を水深の1.5倍程度伸出し，錨を引きずりながら船首の振れを防ぎつつ回頭可能な場所まで移動する．狭い場所で，入り船係留からの後進離岸時にこの方法がとられる（図6.16）．

6.4　タグの操船上の利用

6.4.1　操船援助用タグの種類と特性

　操船援助用タグ（tug，曳船，引き船）は，操船の補助として使用するものであるから，それにふさわしい運動性能を備えたものでなければならない．

　現用の操船援助用タグの代表的な推進方式として，2.2節で説明したアジマススラスタの1方式であるZドライブ（Z drive）とフォイトシュナイダープロペラ（Voith Schneider Propeller：VSP）がある．

　Zドライブ方式のタグ（Z型曳船）ではノズル付きプロペラが使用され，他

の推進方式のタグに比べ曳引力が強く,また,一点回頭,横並進が可能であるなど操船性が優れており,わが国の港湾で使用されているタグの主流を占めている。

VSP 曳船の曳引力(ボラードプル:bollard pull)は,主機出力 100 馬力あたり前進時約 1 トン,後進時約 0.7 トンであるのに対し,Z 型曳船では,前進時約 1.5 トン,後進時約 1.4 トンといわれている。

6.4.2 タグのとり方

(1) 曳索のとり方

曳索(tow line)のとり方は,タグの使用方法によって異なる。一般に,長時間にわたって同一方向に引かせる場合には"引く"方式,場所を頻繁に変化させて押し引きを行う場合には,"押す"方式とする。

引く方式のときは,曳索を本船甲板上のビット(bitt)またはボラード(bollard)から直接タグの曳航フック(towing hook)にかける。

押す方式では,一般に次の3方式がとられる(6.2)(図 6.17)。

single headline tie-up　　double headline tie-up　　power tie-up

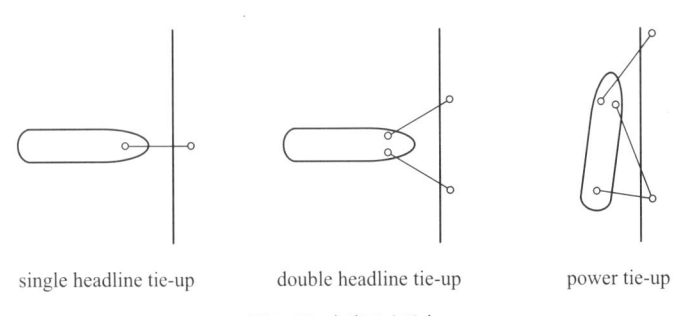

図6.17　曳索のとり方

① single headline tie-up

タグの船首から1本の曳索を本船に引き上げ,ボラードに係止する方式で,最もよく用いられる。曳索はタグのものを使用する。

② double headline tie-up

タグの船首両舷から2本の曳索を本船に引き上げ,ボラードに係止する方式

(1本は本船の前方，他は後方）で，タグの姿勢を一定に保ったまま"押し"と"引き"を自由に行うことができる．

③ power tie-up

タグの船首から前方へ後進用の曳索を，船首から後方へ前進用の曳索をとり，さらに船尾からブレストラインをとってタグを本船にしっかりと固定するもので，この方法によれば本船とタグの相対姿勢を一定に保持したままタグの主機と舵を自由に使うことができる．VSP または Z 型曳船では，プロペラの排出流を側方へ出させて押船の役目をさせることも可能である．

デッドシップ（dead ship）の曳船操船では，power tie-up が有効である．

(2) タグの配置

操船援助用タグの基本的な配置方式として，次のものがある（図 6.18）．

① フック引き（とも引き，船尾引き）

本船に対してタグを船尾付けでとる方式．

② 頭付け

本船に対してタグを頭付け（船首付け）してとる方式．頭付けする位置は，本船の船首尾に近く，外板の反り（flare）が少ない場所とするのが一般的である．

③ 横だき

本船に対してタグをやや内側に向く姿勢で横だきにとる方式．

④ かじ船

本船の舵の役割を分担させようとするときのタグのとり方で，後進によりブレーキの役目をすることもできる．

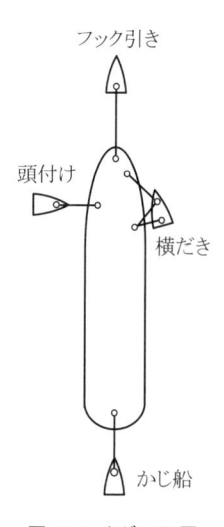

図6.18 **タグの配置**

タグの配置および使用方法は，風潮など外力の影響，航路・泊地の状況，本船の性能などを考慮した上で決定するが，大型船の操船では，① から ④ の方式を適宜組み合わせて複数のタグを使用する（組み引き）ことが多い．

6.4.3　タグの使用に伴う本船の運動

(1) 船首または船尾を横に引く (横に押す) 場合

　静止状態にある本船の船首端または船尾端に曳索をとり，船首尾線と直角方向に引かせるか，押させると，並進運動と同時に回頭運動を起こす。すなわち，本船は回頭しつつタグの移動する方向に移動する (図6.19)。

　この場合の回頭点は，船首端を引くときは船尾から，船尾端を引くときは船首から，それぞれ船の長さのおよそ1/3程度の距離にあるといわれている。

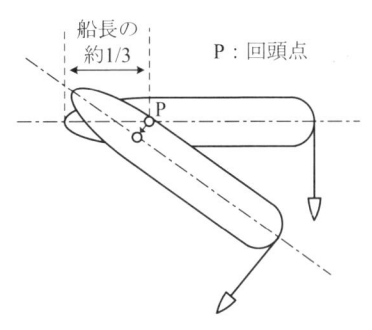

船長の約1/3
P：回頭点

図6.19　船尾を横に引いたときの船の動き

(2) 1隻のタグで船首または船尾を斜めに引く場合

　本船の左舷船首を斜め前方に引かせた場合，図6.20に示すように

① 船体は，まず，タグの移動方向に斜航すると同時に，タグの曳引力による左回りの回頭モーメントにより左回頭を始める。
② 本船が斜航すれば水の抵抗による右回りのモーメントが生じ，これと曳引力による左回りの回頭モーメントが釣り合った状態で，一定のドリフト角をもって斜航する。
③ 曳索を係止した位置が船首尾線上にある場合，最終的に本船の移動方向は船首尾線と一致する。

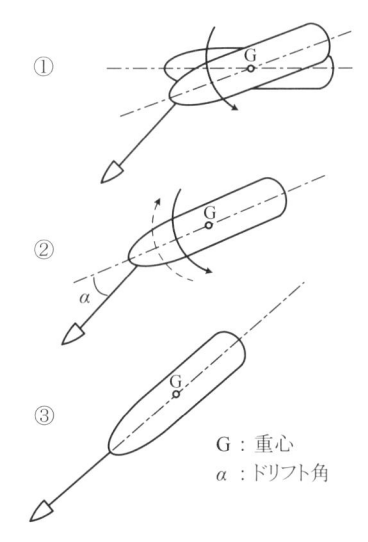

G：重心
α：ドリフト角

図6.20　船首を斜めに引いたときの船の動き

(3) 曳引力が同一の 2 隻のタグで船首尾を斜めに引く場合

同一の曳引力を持つ 2 隻のタグに，船首尾線と一定の角度 θ を与えて船首尾端を同時に引かせた場合，本船は θ よりも小さい角度 α で斜航する（図 6.21）。

これは，船体の移動に対する見かけ質量の増加は船首尾方向より横方向に大きいため，本船は横よりも前後に移動しやすいことによる。

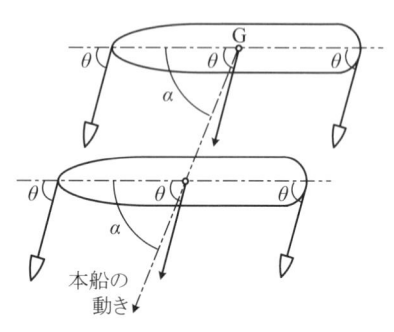

図 6.21 船首および船尾を斜めに引いたときの船の動き

したがって，たとえば他船と前後して係岸中の本船を引き出す場合には，引き出そうとする方向よりも多少横に開いて引かせるか，いったん正横方向に引き出した後，所要の方向に引かなくては，他船に接触するおそれがある。

6.4.4 操船に必要なタグの量

操船の補助として必要なタグの数，所要馬力の総量は，本船の種類と大きさ，泊地および航路の広狭，水深などの水域条件，係留方法，当時の気象，海象などを考慮して決定する。

一般に，港内操船においてタグの最大の曳引力が必要となるのは係岸時における横押し作業であり，これに必要なタグを準備しておけばすべての操船支援作業に対処できるとされている。

港内操船におけるタグ所要量の標準を提案した例として，日本海難防止協会による "曳船使用基準"，超大型船に関する同協会の "引船船隊の所要スラストと推進型式別所要伝達馬力" などがあげられる。

わが国の主要港湾においては，前述の要件に加え，当該係留施設固有の特殊な条件，入港・出港の別，本船のサイドスラスタの能力などを考慮した "タグの使用基準" が設定されており，これによって入出港作業が行われるのが通例である。

6.4.5　タグ使用上の注意事項

① タグの手配は早めに行うとともに，タグとの相互連絡により，風波が強い場合の作業の可否を確認し，港内の状況，他船の動静などを把握しておく。
② 使用するタグの配置を決め，それに応じて船内での準備を整えておく。また，2隻以上のタグを使用する場合には，これらを有効に使えるよう，各タグの性能を考慮して配置を決める。
③ 作業開始前にタグの船長に作業要領を説明し，また，連絡方法も決めておく。
④ タグの支援を受けて操船する範囲と本船のみで操船する範囲およびその時機を明確にしておく。タグ使用中は極力，機関の使用を制限する方が効果的である。
⑤ タグの曳索をとり終わるまでには多少の時間がかかるので，この間の風潮など外力の影響を十分考慮しておく。
⑥ タグの能力を十分に発揮させ，またその安全を図るため，本船の行き脚はできるだけ小さくする。
⑦ タグが横引き状態にならないよう，常に注意を払う。横引きは，本船の行き脚が大きすぎるとき，タグが大きく回頭しようとするとき，船尾にとったタグが本船の推進器の排出流にはねられたときなどになりやすく，タグを転覆させたり，危険な状態に陥し入れたりすることがある（図6.22）。

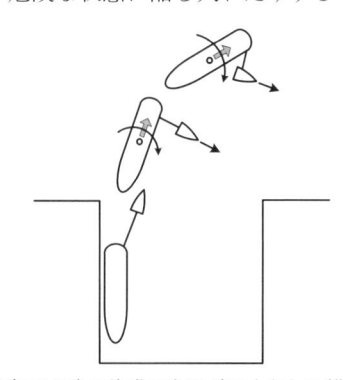

図6.22　離岸回頭時の後進行き脚が過大なため横引きとなる例

⑧ 船首にタグをとっているときの錨作業は，錨をタグに接触させないよう十分に注意して行う。
⑨ 曳索を放つときに推進器に絡ませないよう注意する。

6.5 サイドスラスタの操船上の利用

(1) サイドスラスタ

船首または船尾付近の水線下に，船首尾線と直角の横方向にダクト（duct）を設け，その中にスラスト発生機構を納めて横推力を出し，船首や船尾を横方向に移動させる装置を，サイドスラスタ（side thruster）という。

船型により異なるが，サイドスラスタの取付け位置は船体中心より $0.35\sim0.45\,L_{pp}$ とするのが一般的で，船首のものをバウスラスタ（bow thruster），船尾のものをスターンスラスタ（stern thruster）と呼ぶ。

一般商船では，可変ピッチプロペラを使用したプロペラ式サイドスラスタを装備することが多い。

(2) サイドスラスタの発生スラスト

プロペラ式サイドスラスタの出力と発生スラストとの関係は，プロペラの型式，直径，回転数，ダクトの長さ，開口部の形状，船底深さなどにより若干の差異があるが，電動機出力 100 馬力当たりの発生スラストは 0.9〜1.3 トン程度と考えてよい。

(3) サイドスラスタ使用上の注意事項
① 使用上の制限喫水に注意する。
② 回頭能力は船体が停止しているとき最大で，船速が増加するにつれて急速に低下する。一般に，サイドスラスタが有効と考えられる船速は 3〜4 ノット程度が限度である。
③ 船型にもよるが，風力 3 程度までは効果を期待できる。
④ 操船上の回頭，保針の補助手段として使用するもので，主機，舵との並用を怠ってはならない。

⑤ 浮遊物の多い水面での使用は注意を要する。また，離着桟時には係留索を捲き込まないよう注意する。
⑥ サイドスラスタの使用に先立って前後部の指揮者への連絡を怠らないようにする。

6.6 ブイ係留および解纜法
6.6.1 ブイ係留の方法
(1) 1点ブイ係留

1点ブイ係留（Single Buoy Mooring：SBM，単浮標係留）は，1つのムアリングブイに船首を係留する方法で，一般的なブイ係留である。ブイを中心に，風潮に対して自由に振れ回るので，この方法をスイングムアリング（swing mooring）ともいう。

係留には，片舷の船首錨鎖を使用するが，係留索を使用する場合もある。

(2) 前後ブイ係留

船首および船尾をともにムアリングブイに係留する方法で，ヘッドアンドスターンムアリング（head and stern mooring）という。船は風潮によって振れ回ることはないが，横からの風潮に弱い。

船首尾とも係留索を用い，錨鎖を使用することはないが，時によっては船首錨を係留補助に使用する場合もある。

(3) 船首錨係留・船尾ブイ係留

前部は船首錨を使用し，後部を係留索によりムアリングブイに係留する方法で，錨は片舷あるいは両舷錨を使用する。前後ブイ係留と同様に，横からの風潮に弱い。

錨の使用にあたっては，ブイのグランドチェーン（ground chain）に搦まないように注意しなければならない。

(4) 多点ブイ係留

タンカー用シーバースなどで荷役のため船体を定位置にしっかりと係留する方法で，係留位置の周囲に配置された数個（5～7点）の係留ブイに係留索をとって船体を固定する。場合によっては両舷錨を併用することもある。

図6.23に，シーバースにおけるタンカーの多点ブイ係留の一例[(6.3)]を示す。

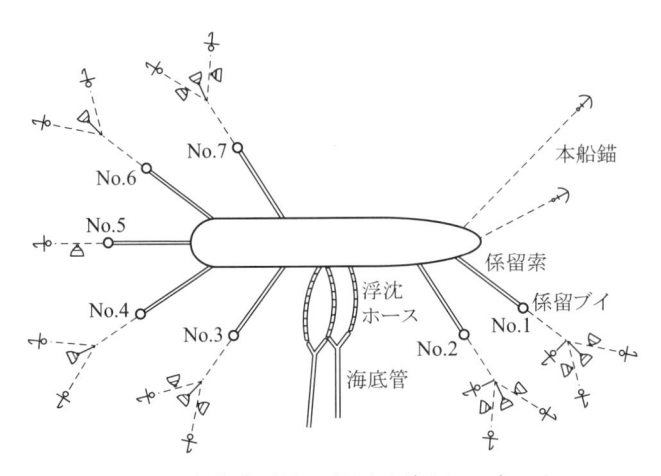

図6.23 多点ブイ係留の例（出光徳山シーバース）

6.6.2　1点ブイ係留および解纜法

(1) ブイ係留，解纜時の一般的注意

① 常に風潮を船首に受けて操船するのがよい。
② 風潮が強い場合は，タグを使用する。
③ 操船者は，常にブイの位置を確認できる場所で操船する。
④ 錨を使用する場合は，あらかじめブイ固定錨鎖（ground chain）の方向を調査しておき，これに錨を搦ませないよう注意する。
⑤ ブイを引き寄せるためのブイロープ（buoy rope）は，素早くとらせる。
⑥ 船尾でのロープの取扱いに注意し，プロペラ，舵などに搦ませないようにする。

⑦ スリップワイヤを放つとき，ワイヤ端のアイ（eye）が船体の突起物や水底の障害物にかかりやすいので，事前にアイの部分が拡がらないよう細索などを用いて縛っておく。

（2）係留法

① 風潮が弱い場合

右回り1軸1舵船が自力でブイ係留する場合には右舷係留とし，操船水面の許す範囲において風潮を船首に受けるように操船し，ブイと船首尾線との間隔を，後進機関使用による船首の右への偏倚量を考慮して，船幅の1.0～1.5倍程度を見込んで低速力で接近する（図6.24）。最終的には，後進機関を使用して行き脚を止めた段階で，ブイが船首右横に並ぶように操船する。

タグを使用する場合には，係留舷の反対舷前部に配置し，行き脚の制御と船首の振れを抑えるのに使用する（図6.25）。

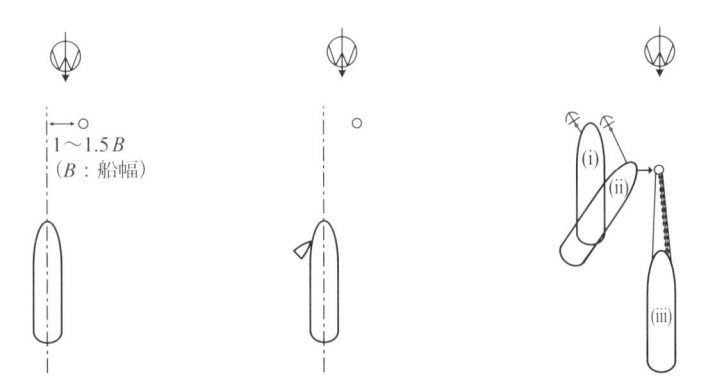

図6.24 ブイへの接近　　図6.25 タグのとり方　　図6.26 錨を使用してのブイ係留法

② 風潮が強い場合

通常は，投錨してブイに接近する方法をとる（図6.26）。

(i) 風潮を船首に受けるように進航し，ブイよりも風潮上に進出して係留舷と反対舷船首に風潮を受けるよう操船する。風潮の方向が異なるときは

その合力方向となるが，近辺の停泊船の姿勢を参考として針路を選定する。
 (ii) 適当な距離で風潮側の錨を投下し，これを引きずりながら船首をブイに接近させ，ブイロープをとる。
 (iii) 係留作業が終了したならば，原則として錨を揚げておく。

一般に，風潮が強い状態でブイ係留を行わなければならない場合にはタグを使用すべきである。

(3) 解纜法

① 風潮の影響を受けない場合

図 6.27 に示すように，係留錨鎖または係留索を取り込み，スリップワイヤ (slip wire) のみ残した後，スリップワイヤを徐々に伸ばしながら左舵一杯として後進機関をかけ，スリップワイヤを放って急いでこれを取り込む。船首がブイから離れクリアになったら前進機関を使用して希望方向に進航する。この際，船尾をブイに接触させないように注意する。

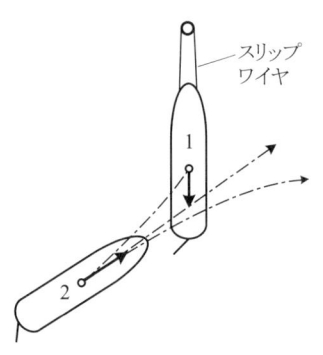

図6.27　1点ブイ係留からの解纜法

② 風潮の影響を受ける場合

船体が風潮に立って振れ回っているので，振れ回りの時機を選んでスリップワイヤを放って出航する。風潮が強い場合には機関を使用せず，風潮による圧流を利用して船体をブイから離す。風潮の影響がさらに大きい場合にはタグを使用すべきで，スリップワイヤのみを使用した解纜は危険である。

6.6.3 大型タンカーの浮標式シーバースへの係留

大型タンカーの1点係留ブイ（SBM）への係留は，一般に次の要領で行われる。

① 風潮を勘案のうえ，ブイへの接近針路を決定する。
② タグを右船首および船尾にとる。右船首のタグは，主として保針の補助と主機を後進させたときの船首の右偏を抑えるために使用する。また，船尾のタグは主として前進行き脚の制御に使用する。
③ 徐々に減速して，ごく弱い前進行き脚でブイに接近する。
④ ブイの手前 $1L$（L：船長）程度の位置で，係留索を曳航した作業艇が船首に接近するので，ヒービングライン（heaving line）を降し，messenger rope を引き上げる（図 6.28）。
⑤ tow rope を捲きながらゆっくりとブイに接近する。このとき，ブイへの接近速力は，主機と船尾のタグを使用して調整し，tow rope の捲き込みは，ロープの弛みを取る程度とする。
⑥ tow rope に続いて chafe chain が甲板上に揚がってくれば，これを bow chain stopper で固定する。この時点で，ブイへの接触を防ぐため，主機または船尾のタグを後進として船体を停止させる。bow chain stopper は，1点係留用の金物で，船首に2基取り付けてあり，本船は2本の mooring rope で SBM に係留される。

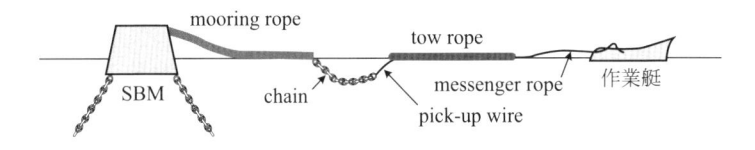

図6.28 大型タンカーのSBMへの係留

なお，本船の係留，解纜作業をタグの支援なしに行うなど，SBM により係留要領が異なる場合があるので注意を要する。

6.7 係岸および離岸法

6.7.1 係留索の名称と役割

係留索 (mooring lines, shore lines) の名称と一般的な配置を，図6.29に示す。

① ヘッドライン (head line) およびスターンライン (stern line)

船首から前方に張られるのをヘッドライン，船尾から後方に張られるのをスターンラインと呼び，船の前後運動や横方向の移動を抑制する効果がある。

② スプリングライン (spring line)

船首部 (bow) から後方に，あるいは船尾部 (quarter) から前方に向かって張られる係留索をスプリングといい，前者をフォワードスプリング (forward spring)，後者をアフトスプリング (aft spring) と呼ぶ。スプリングは，船の前後運動を制御するとともに横移動の安定にも役立つ。

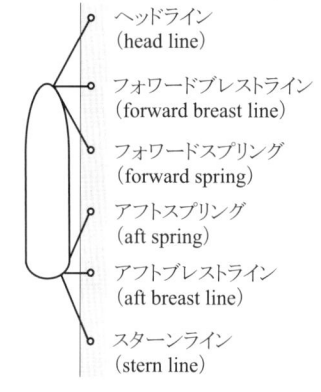

図6.29 係留索の名称

フォワードスプリングは，船の位置を保持するほか，操船上重要な役割を担っている。すなわち，接岸時に船の前方水域に余裕がないときには，ファーストライン (first line，最初に岸壁に送る係留索をいう) をフォワードスプリングとし，船の前進惰力を抑制する。また解纜時には最後まで残して，主機を前進にかけ船尾を岸壁から離すときに役立たせる。

スプリングラインが岸壁のビットの関係で短くなるようなときには，もう1本のホーサをバイト (bight) にとる。また，船と岸壁との間隔が広いときには，スプリングを捲き締めると効果がある。

③ ブレストライン (breast line)

船首部および船尾部から岸壁にほぼ直角にとる係留索で，船の横移動を抑えるのに役立つ。船首部のものをフォワードブレストライン (forward breast line），船尾部のものをアフトブレストライン（aft breast line）と呼ぶ。

ブレストラインは，他の係留索に比較して短くとるので，一般にはバイトにとる。干満の差の大きい場所やうねりのある場所では注意しなければならない。

LNG船をドルフィンに係留する際の係留手順では，ファーストラインをスプリングとし，スプリングを用いて船体の前後位置を確定させた後，船体をタグで固定した状態で，船首，船尾ともブレストライン，流しの順に係止する（図6.30）。

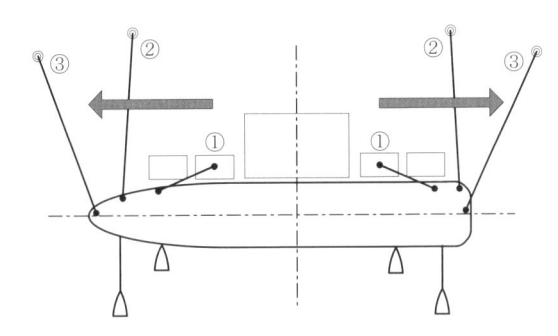

図6.30　LNG船のドルフィンへの係留手順

6.7.2　係岸，離岸操船に関する一般的注意事項

係岸，離岸時には，次の事項に注意して操船を行う。

① 外舷の突出物はすべて取り込み，常に船尾を岸壁から離すように操船運用する。
② 岸壁の構造物の陰に入る際には，風圧の影響が大きく変化するので注意を要する。
③ 岸壁では，その内側の流れと外側の流れが急激に変化するので注意を要する。
④ 桟橋（pier）の場合には，流れが直接船体に影響するので注意を要する。
⑤ 係留索，錨鎖に過度の張力を与えないようにする。
⑥ 錨を使用する場合には，水底の障害物，とくに他船の錨鎖の伸出方向に十分に注意する。
⑦ 船尾係留索を使用する際には，プロペラに捲き込まないよう注意する。

⑧ 操船は，タグの支援を受けて行うのがよい。とくに大型船では，港内進航時にもタグを配置し，航行，離接岸の安全を図る必要がある。タグは，操船に最も適切な位置にとり，無理な使用は禁物である。

6.7.3 係岸操船法

右回り1軸1舵船の係岸操船は，一般に次の要領で行われる。

(1) 入船左舷係留（小角度進入，図6.31）

バースに対して小角度で接近する場合の操船は，次の手順による。

① 1万総トン程度の船では，バース法線に対し15～20°の進入角とし，予定バースの先方に向けてごく小さな惰力で進航する。予定バース横で船を停止させたときのバースとの距離は，船幅の1～1.5倍程度とする。5万総トン以上の船では，進入角を10～15°，バースとの離隔距離を船幅の2倍とするのが一般的である。

② 予定バース正横付近で後進機関を使用して前進行き脚を止めると，船首が右回頭して船体はごく普通にバースと平行になるので，急ぎヘッドライン，フォワードスプリング，スターンラインを送る。タグを使用するときには右船首に頭付けでとり，後進機関使用時の船首の右偏を抑えるように押させる。

③ 係留索の操作，タグの支援により船体を静かに横移動させ，予定バースに接岸する。

係岸操船における速力の制御は本船の速力逓減標準によるが，バース前面の停止位置の手前2L（L：船長）付近で，前進行き脚が2～3ノットとなるように減速するのが一般的である。

(2) 入船右舷係留（小角度進入，図6.32）

① 入船左舷係留時と同程度の進入角，離隔距離とする。

② 前進行き脚を止めるため後進機関を使用すると船尾が左に振れ，バー

スから離れるので注意を要する。この場合，タグを左船尾にとり，押させるのがよい。錨を使用するときには左舷錨を投下して操船の補助とする。
③ タグを使用しない場合には，錨，ヘッドラインおよびフォワードスプリングを利用し，機関と舵を適宜使用して船体をバースと平行にし，スターンラインを送って静かに接岸する。

(3) 入船左舷係留（大角度進入，図6.33）
バースに対して大角度で接近する場合の操船は，次の手順による。

① 右舷船尾にタグを頭付けでとり，錨も使用する。船の長さの1/2程度までバースに接近したときに錨を投入，いったん前進行き脚を止め，ヘッドラインをとる。
② 右船尾をタグに押させ，フォワードスプリングをとる。
③ 機関と舵を適宜使用し，係留索，タグおよび錨鎖を調節しながら船体をバースと平行にし，静かに予定バースに係留する。

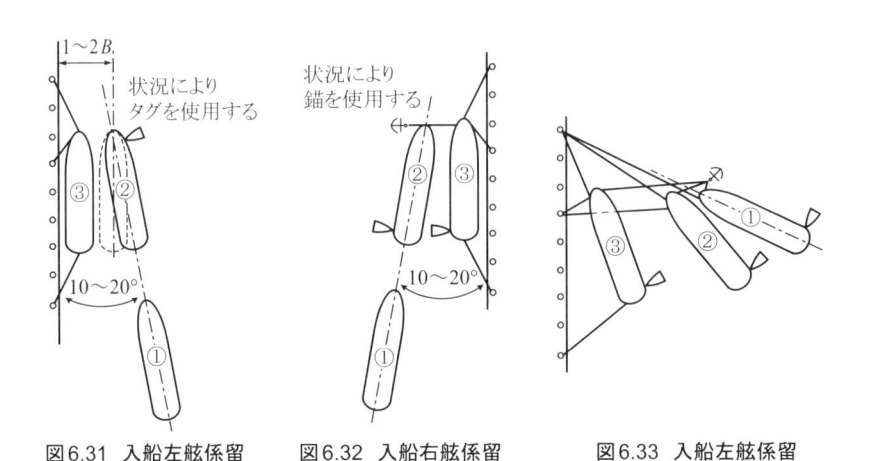

図6.31 入船左舷係留
　　　（小角度進入）

図6.32 入船右舷係留
　　　（小角度進入）

図6.33 入船左舷係留
　　　（大角度進入）

(4) 入船右舷係留（大角度進入）

　左舷船尾にタグを頭付けでとり，錨も使用し，バースから船長の 1/2 の位置で投下する。前進行き脚を止めた時点でヘッドラインおよびフォワードスプリングをとり，錨とスプリングで前進行き脚を調整しながら，船尾をタグに押させて船体をバースと平行にし，静かに接岸する。

(5) 出船係留（一般の場合，図 6.34）

　出船係留の場合，一般に大角度でバースに接近し，錨を使用するが，安全の見地からはタグも使用した方がよい。

　① バース法線に対し大角度で進入する。タグを使用する場合には，右舷船尾に頭付けでとる。
　　　予定バースの手前，岸壁から船の長さ程度離れた位置で係留反対舷の錨を投下し，錨鎖を伸出しながらゆっくりと進む。
　② 錨鎖の伸出を止め，機関と舵を併用して船体を回頭させるが，このときの前進行き脚が過大な場合，錨鎖を切断するおそれがあるので注意を要する。ヘッドラインをとり，捲き込みの準備をする。
　③ 回頭反転したならばフォワードスプリングを送り，機関と舵を併用しながら船体をバースと平行にした後，静かに横移動させて接岸する。スターンラインを送るときには，機関をいったん停止しておく。

(6) 出船係留（小角度進入，図 6.35）

　岸壁に大角度で接近できない場合には，次の手順による。

　① バース法線と平行に，船長の 1/2 程度離して進行する。タグを使用する場合には，左舷船尾に頭付けでとる。
　　　予定バースの手前で係留反対舷の錨を投下する。
　② 錨鎖を伸出しながら直進し，錨鎖が 2～3 節程度になったら伸出を止め，船体に回頭力を与える。
　③～④ 機関と舵を併用し，錨鎖を捲き込みながら ④ の位置まで徐々に回頭する。

ヘッドライン，フォワードスプリングを送り，捲き込みの準備をする。このとき錨鎖に過度の張力を与えないように注意する。スターンラインを送るときには，機関をいったん停止しておく。

⑤ ヘッドライン，スプリングおよび錨鎖を調整しながら船体をバースと平行にした後，静かに横移動させて接岸する。

(7) タグによる出船係留（図6.36）
タグ2隻を使用した出船係留操船は，次の手順による。

① 左舷船首と左舷船尾にタグを頭付けでとり，バース法線と平行に，船の長さ程度離してゆっくりと進む。
②〜③ 機関使用によりバース前面で船体を停止させながら，船首，船尾のタグの引きと押しとにより船体を回頭させる。
④ バースから船幅の約1.5倍離れた位置で，船体をバースと平行に停止させる。
⑤ 船首尾のタグにバースと平行となるよう船体を押させ，静かに接岸する。

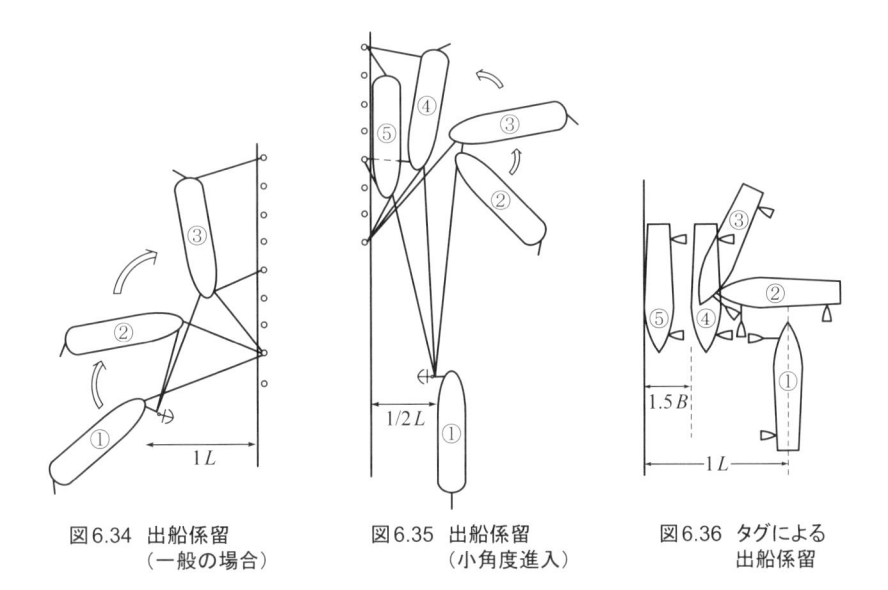

図6.34 出船係留
　　　（一般の場合）

図6.35 出船係留
　　　（小角度進入）

図6.36 タグによる
　　　出船係留

6.7.4 離岸操船法

主機の試運転終了後,シングルアップ (single up:ヘッドライン,スターンライン,スプリングを各1本にすること) とし,以後,係留索,錨,機関,舵などを適切に使用し,さらにはタグの支援によって離岸する。

(1) 後退しながらの離岸 (図 6.37)
 ① 接岸舷と反対舷のヘッドラインをウインドラスで捲き込む準備をし,フォワードスプリングを残して全係留索を放つ。
 ② ヘッドラインを捲き込み船尾を振り出す。短時間機関を前進に使用し,スプリングを利用して船尾を振り出す。この際ヘッドライン,スプリングにたるみを与えないよう注意する。
 ③ 十分に船尾を振り出した後,機関を後進とし,静かに離岸する。

船首錨を使用している場合には,前記の方法で船尾を十分振り出した後,静かに錨を捲き込み離岸する。このとき船尾が再び岸壁に接近するようであれば機関と舵を併用して船尾を振ればよい。

錨とタグを使用する場合には,タグを船尾にとって錨の捲き込みと並行して横方向に引かせ,船体を横に引き出す。

(2) 入船係留からの回頭しながらの離岸 (図 6.38)
入船係留からの,タグ2隻を利用した離岸操船は,次の手順による。

 ① 左舷船首と左舷船尾にタグを頭付けでとり,船幅の2倍程度の位置までバース法線と平行に引き出す。
 ②〜⑤ 船首,船尾のタグの押しと引きとにより,船体をバース前面で回頭させる。船体が⑤の姿勢になれば,主機を前進にかけ,舵一杯として,回頭を続ける。
 ⑥ 回頭を終えればタグを放し,主機と舵を併用して出港針路に向ける。

図 6.37　後退しながらの離岸　　図 6.38　回頭しながらの離岸

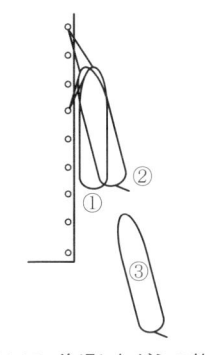

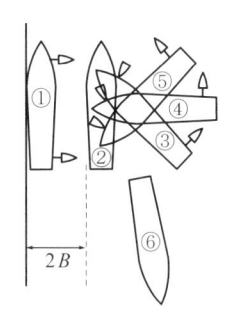

6.7.5　大型タンカーのドルフィンバースへの係留

（1）大型船の入出港操船に関する一般的注意

　VLCC，10 万総トンを超えるバルカーなどの大型船の操縦性能については，一般に，旋回性は良いが針路安定性，追従性が悪いといわれているが，港内では，水深が浅く，水路幅も制限されている場所が多いので，浅水影響，側壁影響などによりなお一層操縦性能が低下する場合があることに留意し，慎重に操船しなければならない。

　大型船の着離桟操船に当たっては，一般に次の事項に注意する必要がある。

① パイロットサービスのある港ではパイロットを要請すべきである。
② 風潮など外力の影響の少ない時機を選ぶ。
③ 本船のコンディション，気象，海象など，当時の状況に応じた適切な量の支援タグ（馬力と隻数）を配置する。通常の場合，10 万総トンを超えるタンカー，バルカーの着桟では，3000 馬力級 Z 型タグ 5 隻を，離桟では 3 隻を見込んでおくのが一般的である。
④ 大型船は慣性量が大きいので低速での運航を心掛ける。一般に，ドルフィンバースへの接近速力は，25 万 DWT 級のタンカーでは 3000 m 手前で 5 ノット程度，1000 m では 3 ノット程度とするようである。なお，

タグによる操船支援作業が可能な本船の速力は4ノット以下といわれている。
⑤ 着桟速度は，本船の速度計，あるいはバースに設置された速度計などにより計測され，バースからのものはトランシーバ，電光掲示板，3色の灯火（紅黄緑3色の灯火を縦に連掲）などにより操船者に知らされる。
⑥ 一般に，タグの横押しによる着桟速度は当初 10〜15 cm/sec とするが，1B（B：船幅）程度手前で 5 cm/sec 以下になるよう調整する。

(2) VLCC のドルフィンバースへの係留例

東京湾の扇島シーバースにおける VLCC の標準的な着桟要領を図 6.39 に示す。

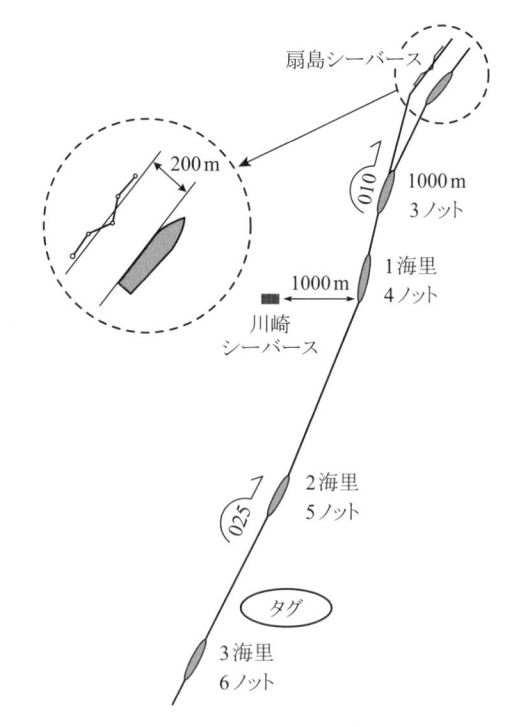

図6.39 ドルフィンへの係留例

① バースの手前約 2 海里の地点で速力を 5 ノットに調整し,支援タグ 5 隻を船首,船側,船尾に配置する。
② タグの支援を受けてバースに向かい,その手前,約 1 海里の地点で速力を 4 ノット,1000 m 手前で 3 ノットとする。
③ タグと主機を使用して減速しながらバースに接近し,バース前面約 200 m(3B)の位置にバース法線と平行となるよう停止する。
④ タグの横押しにより着桟速度を 10〜15 cm/sec とし,バースと平行の姿勢で静かに接近を始める。
⑤ 本船マニホールドのセンターと,バース上のローディングアーム(loading arm)のセンターとが一致するように本船位置を調整する。
⑥ 一般に,バースの 1B 程度手前でいったん本船を停止させてから,再度,タグの支援を得て着桟するが,このときの着桟速度は 5 cm/sec 以下とする。
⑦ 本船がバースに着桟すれば,船体の位置を確認した後,タグで船体をバースに押しつけた状態で係留索を張り合わせる。

【参考文献】

(6.1) 日本タンカー協会編:『本邦 SBM バース事情』(1978)
(6.2) Crenshaw R.S.:Naval Shiphandling, United States Naval Institute(1955)
(6.3) 堀井,上田,市川:「原油タンカーバース調査報告」港湾技研資料,No.201(1975)

第7章

特殊運用

7.1 荒天運用

7.1.1 波浪と船体動揺

(1) 波浪の概要

船体の動揺をもたらす波浪は，風浪（wind wave）とうねり（swell）に分類される。

風浪とは，その付近を吹く風によって直接起こされる波をいい，うねりとは，風浪が発生海域を離れて他の海域に伝播した波や風浪の発生海域で風が止んだ後に減衰しながら残っている波をいう。

風浪は，その高さにより10階級に分類される（気象庁風浪階級表）。なお，風浪の概略高さを知るには気象庁風力階級表（ビューフォート風力階級表）の参考波高が実務上の参考となる。

うねりは波高および波長（周期）により10階級に分類され，その方向は20°，30°，…のように36方位で表される（気象庁うねり階級表）。

この他，船体を基準として相対的な波浪の進行方向を表す方法に

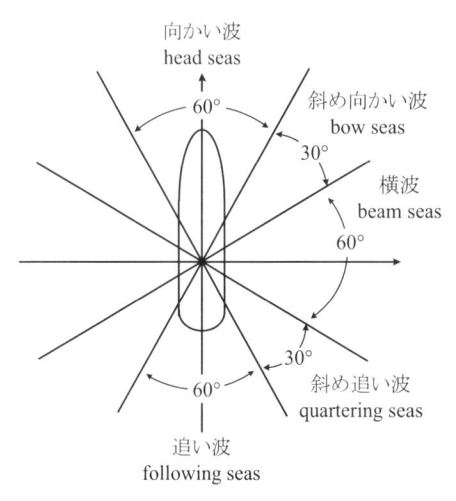

図7.1 船を基準とした波向の呼び方

図7.1の呼び方がある。

ある1点を連続して通過するN個の波を観測したとき，高い方から順に選んだN/3の波の平均波高と平均周期を持つ波を有義波（significant wave）または1/3最大波と呼ぶ。同様の方法により1/10最大波，1/100最大波，1/1000最大波などが定義される。

有義波高を1.0としたとき，他の波高との間には統計的に次の関係があるといわれている。

頻繁に起こる波の波高	0.50
平均波高	0.63
1/10最大波の波高	1.27
1/100最大波の波高	1.61
1/1000最大波の波高	1.94

すなわち，同じような海面状態が数時間続けば，1000個の波のうち1個の波は有義波の波高の2倍近い波高を持つ可能性があり，操船上，注意を要する。

水深がその波長の半分より深い場所における正弦波形の波である深海波の場合，波速，波長，周期には，次の関係がある。

$$\left. \begin{array}{l} V_w = 1.25\sqrt{\lambda} = 1.56 T_w \\ \lambda = 0.64 V_w^2 = 1.56 T_w^2 \\ T_w = 0.80\sqrt{\lambda} = 0.64 V_w \end{array} \right\} \quad (7.1)$$

ただし，V_w：波速 [m/s]，λ：波長 [m]，T_w：周期 [s] である。

(2) 船体動揺の種類

船が波浪中を航行すると，船体は，図7.2に示すような，その重心を通る3本の直交軸の周りの回転運動と軸に沿う平行移動運動（並進運動）を行う。これを6自由度の運動という。

① ローリング（rolling：横揺れ）

x軸周りの往復の回転運動で，一般に他の動揺に比べ強く感じ，その影響も大きい。

② ピッチング（pitching：縦揺れ）

　　y 軸周りの往復の回転運動で，船体の前後端においての影響が大きい。
③ ヨーイング（yawing：船首揺れ）

　　z 軸周りの往復の回転運動で，船の保針に対する影響が大きい。
④ ヒービング（heaving：上下揺れ）

　　船体が平行のまま z 軸に沿って上下する動揺をいう。
⑤ スウェイング（swaying：左右揺れ）

　　船体が y 軸に沿って左右に平行移動を繰り返す動揺をいう。
⑥ サージング（surging：前後揺れ）

　　船体が x 軸に沿って前後に平行移動を繰り返す動揺をいう。

① ローリング　　　　　④ ヒービング

② ピッチング　　　　　⑤ スウェイング

③ ヨーイング　　　　　⑥ サージング

　　回転運動　　　　　　平行移動運動

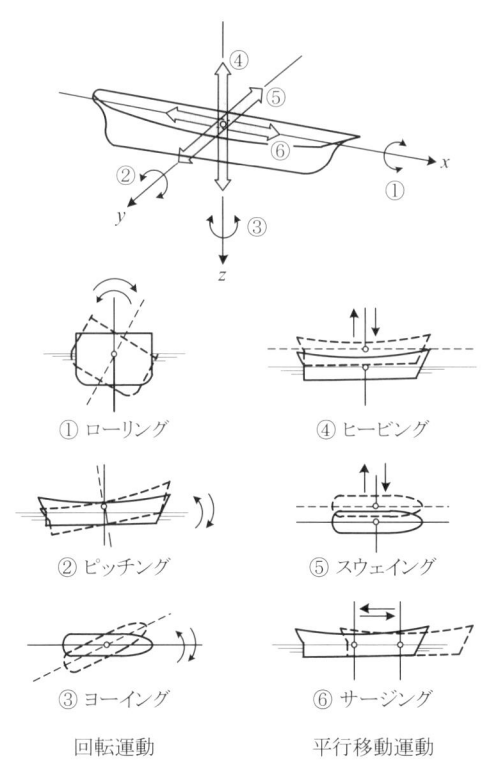

図7.2　船体運動の種類

なお,波浪中の船体動揺は,基本的に,ヒービングとピッチングの連成運動である縦揺れ,ヨーイングとローリングの連成運動である横揺れおよび前後揺れの3種類に分類することもできる。

7.1.2 安定性の保持

(1) 復原力

船が外力などにより横傾斜したとき,船が安定な釣合であればもとの状態に起き上がろうとする。この傾向の大きさを復原力,この性能を復原性(stability)という。

復原力の大きさは,浮力と重力の作用線の食い違いによって生じる偶力(couple)のモーメントで表される。これを静的復原力(statical stability)という。

一般に,単に復原力といえば静的復原力を指す。

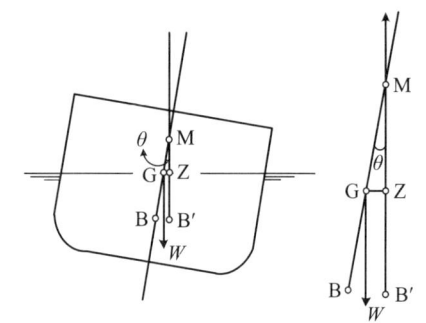

M：横メタセンタ θ：傾斜角
G：重心 W：排水量
B：浮心

図7.3 静的復原力

図7.3において

$$静的復原力 = W \cdot GZ \tag{7.2}$$

ただし,W：排水量 [t],GZ：復原梃(stability lever [m])である。

(7.2)式から明らかなように復原力の大小は,浮力と重力の作用線の間隔を示す復原梃(GZ)の大小により決定される。

① 初期復原力

傾斜角 θ が小さい範囲(10〜15°以下)の静的復原力をとくに初期復原力(initial stability)と呼び,次式で表すことができる(図7.3)。

$$初期復原力 = W \cdot GM \cdot \sin\theta \tag{7.3}$$

ただし,GM：横メタセンタ高さ(transverse metacentric height [m])である。

普通の運航状態では横傾斜が 15° を超えることは稀であるから，GM の値を求めておけば，この値の大小から復原力の大小がわかるので，復原力を表す基準とされている。

図 7.3 の横メタセンタ M は，船が水平なときの浮心 B からの浮力の作用線と傾斜したときの浮心 B′ からの浮力の作用線の交点であり，浮心 B から横メタセンタまでの距離は，以下の式で表すことができる。

$$\mathrm{BM} = \frac{I_x}{V} \tag{7.4}$$

ただし，V：排水容積，I_x：水線面二次モーメントである。

② 傾斜角が大きい場合の復原力

傾斜角がさらに大きくなるとメタセンタ M の位置が一定しないので，直交座標系に傾斜角 θ と静的復原力 $W \cdot GZ$ の関係を曲線で表した復原力曲線（curve of statical stability または stability curve），または傾斜角 θ と復原梃 GZ の関係を表した復原梃曲線（curve of stability lever）を用いて復原力を知ることができる。

復原力曲線および復原梃曲線は一般に図 7.4 に示すようなものであるが，これらの曲線から各傾斜角における復原力または復原梃，復原力範囲，最大復原力または最大復原梃などを知ることができる。

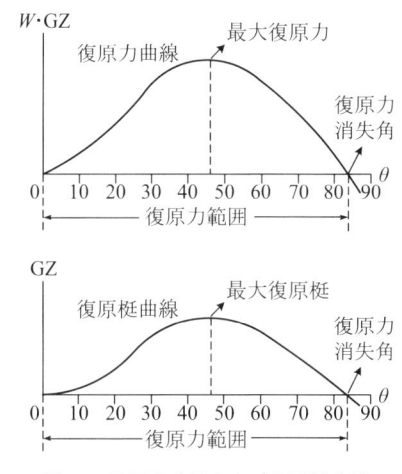

図7.4 復原力曲線および復原梃曲線（排水量一定）

③ 動的復原力

船を直立の状態からある角度 θ_1 まで傾斜させるのに要する仕事をその傾斜における動的復原力（dynamical stability）といい，次式で求められる。

$$\text{動的復原力} = \int_0^{\theta_1} W \cdot \mathrm{GZ} \cdot d\theta = W \int_0^{\theta_1} \mathrm{GZ} \cdot d\theta \tag{7.5}$$

すなわち，動的復原力は，その傾斜角までの静的復原力曲線で囲まれる面積に等しい（図7.5）。

④ 縦波中の復原梃の変動

(7.4) 式に示したとおり，浮心上メタセンタ高さ BM は，排水容積が一定ならば水線面二次モーメント I_x により決まり I_x に比例する。したがって，船体と波との相対的な位置関係により復元梃が変化する。すなわち，図7.6 に示すとおり，船体中央が波頂にあるときには，船首尾の喫水が小さくなるため I_x が減少して復原梃が小さくなり，船体中央が波の谷にあるときには船首尾の喫水が大きくなり，I_x が増加し復原梃が大きくなる。

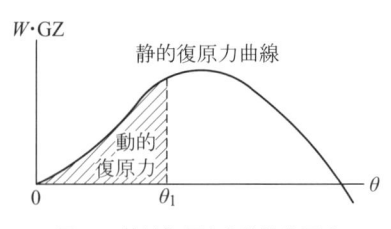

図7.5 静的復原力と動的復原力

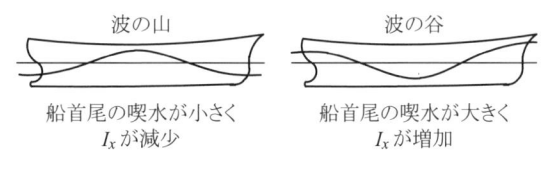

図7.6 縦波中の復原梃の変動

(2) GM の推定

GM（横メタセンタ高さ）を求めるには次のような方法がある。

① 計算による方法

代表的な計算法として，排水量等曲線図 (hydrostatic curve) 記載の KM 曲線からそのときの喫水に対応する KM の値を求め，(7.6) 式により GM を計算する方法がある（図7.7）。

$$\left. \begin{array}{l} GM = KM - KG \\ KG = \dfrac{\sum w \cdot h}{W} \end{array} \right\} \qquad (7.6)$$

ただし，W：排水量 [t]，w：船殻および積荷，清水，燃料など船殻以外の重量物の重さ [t]，h：基線（base line）から船殻および各重量物の重心までの垂直距離 [m] である。

② 横揺れ周期から推定する法

船体の横揺れ固有周期 T_r は，以下の式で表すことができる。

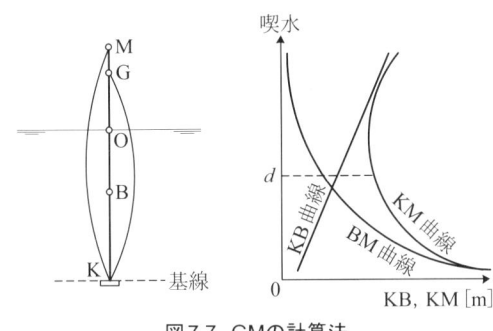

図7.7　GMの計算法

$$T_r = \frac{2\pi}{\sqrt{g \cdot \mathrm{GM}/k^2}} \tag{7.7}$$

ただし，g：重力加速度（$9.8\,\mathrm{m/sec^2}$），k：船首尾方向の軸の回りの慣性モーメント回転半径であり，通常の商船では，$k \approx 0.4B$（B：船幅）としてよい。そこで，次式より GM の概略値を知ることができる。

$$T_r = \frac{0.8B}{\sqrt{\mathrm{GM}}} \tag{7.8}$$

(3) 適当な GM

GM の値がどの程度のときに復原力が適当であるかということは，主として船型によって異なるので一概にはいえない。

安定性についていえば，GM が大きいほど安定性はよいが，GM があまりに大きいと，激しい横揺れを起こし不快であるばかりでなく，積荷の移動や荷くずれを誘発して転覆するおそれがあるので，適切な GM としなければならない。

GM は，一般に次のような値が適切といわれている。

① 統計的にみて，遠洋貨物船では船幅の 4～5 %，小型船ではこの値よりも大きい GM がよいといわれている。

② ケンプ（Kempf）は次の式を挙げている。

$$GM = 0.04B \tag{7.9}$$

ただし，B：船幅である。

7.1.3　横揺れに伴う危険現象

(1) ラーチ（lurch）

普通の横揺れ中，突然，他の傾斜モーメントが重なって，不連続に，しかも大きく傾斜する現象を一般にラーチと呼ぶ。

この現象は，過渡的に大きな横揺れ角を生じ，横揺れと波の位相が崩れて波をすくい上げやすくなり，積荷の移動を誘発する。

ラーチは次のような場合に起こりやすい。

① GM が小さい場合
② 積荷あるいは自由水の移動がある場合
　　積荷の移動は横揺れ周期が小さい（GM が大きい）ほど，横揺れ角が大きいほど，重心から離れている積荷の表面ほど起こりやすい。
③ 突風を受けた場合
④ 波浪中で大角度の操舵により旋回する場合

(2) ビームエンド（beam end）

ラーチ現象により船体が大きく傾斜し，デッキビーム（deck beam）がほとんど垂直になり，平衡状態に戻る復原モーメントを失った状態をいい，転覆の危険がある。

7.1.4　向かい波中の危険現象

船が波に向かって航走するとき，船の長さに対し波長が短い場合は波の影響が小さく，船の長さに対し波長が長い場合は，波の傾斜に沿ってゆっくりとした縦揺れ（pitching）と上下揺れ（heaving）を起こす。

船の長さと波長がほぼ等しい場合は，激しい縦揺れが生じる。とくに規則波中では，船首部，船尾部の喫水の変動が大きくなり，プロペラの空転，甲板上への海水の打ち込み，スラミングなどの危険現象を引き起こす。

(1) プロペラの空転
　縦波の中では，船尾プロペラの一部が周期的に波面から露出するようになり，プロペラは振動を伴いながら急激に回転を増す。このような現象をプロペラの空転作用（racing）といい，プロペラ翼の損傷や軸系および機関に悪影響を与える。プロペラの空転は，とくに空船時に起こりやすい。

(2) 海水の打込み現象
　船体が縦揺れ中に，青波が船首を越えて甲板上に激突する現象を海水の打込み現象（shipping seas）という。
　海水の打込み現象は，甲板上に打ち込んだ海水が自由水となって復原力の損失を招くとともに，波浪の衝撃による甲板上構造物の破壊，甲板貨物固縛索具の破損，積荷の移動などにより耐航性，安全性を著しく低下させる。

① 船首に打ち込む波
　甲板の凹損，船首外板の破壊，甲板機械，ハッチカバーなどの甲板上構造物の破壊，甲板貨物の損傷，錨鎖庫への海水の流入などを引き起こす。また，収束流となって甲板中心を走る水の塊による衝撃は船速の2乗に比例し，船首船橋船では，収束流が船橋前面を駆け上がり，窓を破損する場合がある。

② 船尾に打ち込む波
　追い波の場合は，船尾構造から船体自体の耐波性が悪く，また保針も不安定となるが，追い波が青波となって船尾へ打ち込む現象をプープダウン（pooping down）といい，縦揺れ中の危険現象の一つである。

(3) スラミング
　荒天中，船が波に向かって航走するとき，主として船体前部船底に強い波の衝撃を受け，船体は1秒以下のきわめて短い周期で急激な振動を起こすが，こ

のような現象をスラミング（slamming）という。スラミングは，船首船底，船首フレアに損傷を与えるだけでなく，スラミングが継続すると，船殻へのクラックの発生，金属疲労の促進により，船体が折損する場合がある。

スラミングには，船首船底に波の衝撃を受ける船底スラミング（bottom slamming）と船首のフレアが海面に激突する船首フレアスラミング（bow flare slamming）があり，スラミングの後に船体に発生する激しい高周波振動をホイッピング（whipping）という。また，とくに大型肥大船の船首部分で船首波と向かい波が重なって発生する砕け波による衝撃をブレーキングウエーブインパクト（bow breaking wave impact）という。

スラミングを起こしやすい条件としては次のものがある。

① 縦揺れと同調する波長が船の長さ程度の波を船首に受ける場合
　　これは，激しい縦揺れを起こすのは，波長が船の長さ程度の向かい波を受けて航走するときであるが，大洋では波長が80〜140mの波が卓越していることによる。
② 載荷状態が1/2以下の軽喫水で，船尾トリムの状態
③ 船首の横断面形状がU字型の船底が平たい船
④ 風力階級5以上の波高が高い状態

7.1.5　追い波中の危険現象

(1) 同調横揺れ

波浪を受けて航行中，針路，速力によっては，船体の横揺れ固有周期 T_r と船と波との出会い周期（encounter wave period）が同調し激しい動揺を起こす。これを同調横揺れ（synchronous rolling motion）といい，波との出会い周期が同調しないように，針路，速力を変更する必要がある。

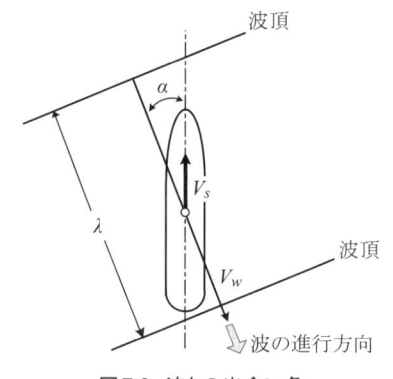

図7.8　波との出会い角

図7.8において，出会い周期 T_E は，次式で与えられる．

$$T_E = \lambda / (V_w + V_s \cos\alpha) \tag{7.10}$$

ただし，λ：波長 [m]，V_w：波速 [m/sec]，V_s：船速 [m/sec]，α：波との出会い角である．

したがって，同調横揺れが発生する出会い角は次式で示されるが，波浪中ではこのような針路は避けなければならない．

$$\cos\alpha = \frac{\lambda - T_r \cdot V_w}{T_r \cdot V_s} \tag{7.11}$$

(2) 波乗り現象とブローチング

追い波を受けて高速で航行すると，船は波の下り斜面で加速され船速と波速がほぼ等しい波乗り状態（surf-riding）となって，操舵不能に陥る．このような状態で航行すれば船尾が波の谷または傾斜前面に入ったときに，急激なヨーイング（船首揺れ）をして船体が波間に横たわる．これをブローチング（broaching-to）といい，来襲する波が甲板上に急激に立ち上がって打ち込み，過大な転覆モーメントを与え非常な危険を招く．この現象は相対的に，波長が船の長さにほぼ等しいときに最も激しい．

(3) 波頂での復原力の減少

船が波頂に乗ると船体の没水部分が変化し，復原力が減少する．この復原力の減少は波高に比例し，また波長が 0.6～2.3L（L：垂線間長）のとき危険性が大きくなる．とくに追い波中は，船が波頂に乗っている時間が長くなるため危険性が増す．

(4) パラメトリック横揺れ

パラメトリック横揺れ（parametric roll motions）は，船が波頂にいるときと波の谷間にいるときで復原力が変化することにより発生する．パラメトリック横揺れが発生すると，横揺れを繰り返すにつれ，しだいに横揺れの振幅が大きくなる．パラメトリック横揺れは，以下の条件で発生する．

① 波との出会い周期が，船の固有横揺れ周期と等しい
② 波との出会い周期が，船の固有横揺れ周期の 1/2

　パラメトリック横揺れを防ぐには，波との出会い周期が上記の条件に適合しないように，針路，速力を変更する必要がある。

(5) 出会い群波現象

　追い波中，不規則波の主成分の群速度と船速が近い場合，波高の高い波がいくつも連続して船を襲うことがある。これを出会い群波現象（successive high-wave attack）という。出会い群波現象は，船体の前後揺れ，保針不能，大きな横揺れを引き起こす危険な現象である。

7.1.6　追い波中の操船ガイドライン

　IMO は，追い波中の危険現象への対応策として，荒天中の操船ガイドライン[7.1]を示している。これによれば，波乗り現象およびブローチングの起こり得る条件は，波との出会い角 (α) が $135° < \alpha < 225°$，船速 (V) が $V \geq 1.8\sqrt{L}/\cos(180°-\alpha)$ のときであり，危険範囲は図 7.9 に示す通りである。そこで波乗り現象を防ぐためには，図 7.9 の危険範囲外となるように変針と減速を行う。

　出会い群波現象が起こり得る条件は，波との出会い角 (α) が $135° < \alpha < 225°$，波との出会い周期 T_E が波周期 T_w の 1.8 倍から 3 倍のときであり，危険範囲は図 7.10 に示す通りである。そこで出会い群波現象を避けるためには，図 7.10 の危険範囲外となるように変針と減速を行う。

　IMO の荒天中の操船ガイドラインでは，波周期 T_w を，船速 V，波との出会い周期 T_E，波との出会い角 α から求める計算図表を示している（章末図（p.174）を参照）。なお，波周期 T_w がわかれば，(7.1) 式より波長 λ を知ることができる。計算図表の使用例を図 7.11 に示す。図は，波との出会い角 130°，船速 14 ノットで進行中，波との出会い周期が 16 秒のときの波周期を求めたものである。

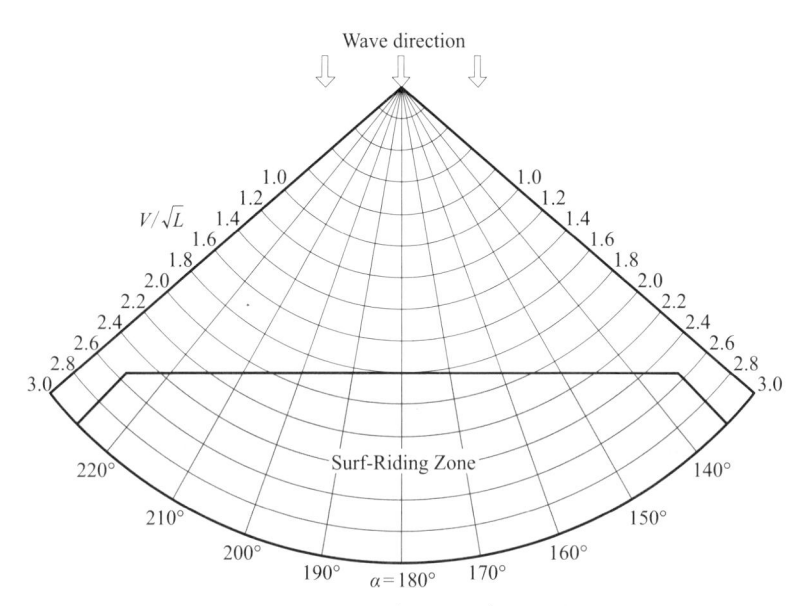

図7.9 波乗り現象とブローチングの危険範囲

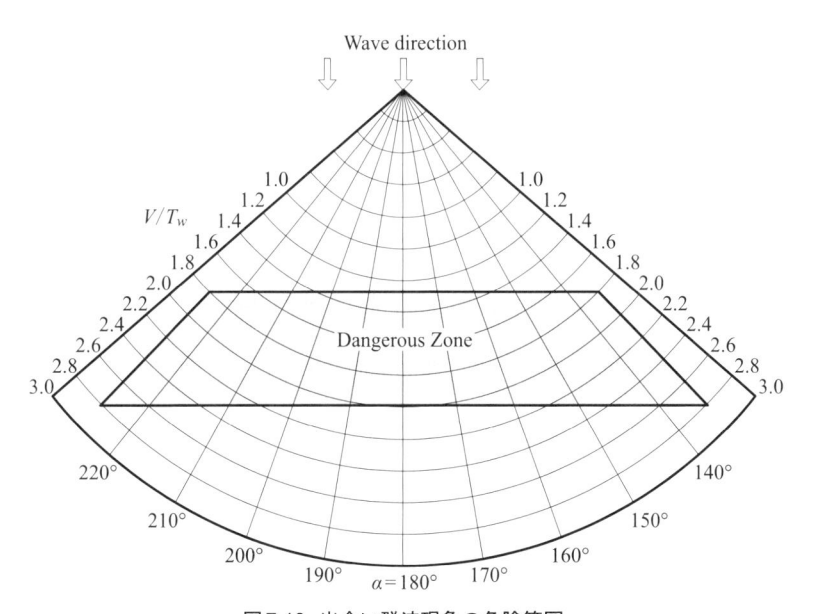

図7.10 出会い群波現象の危険範囲

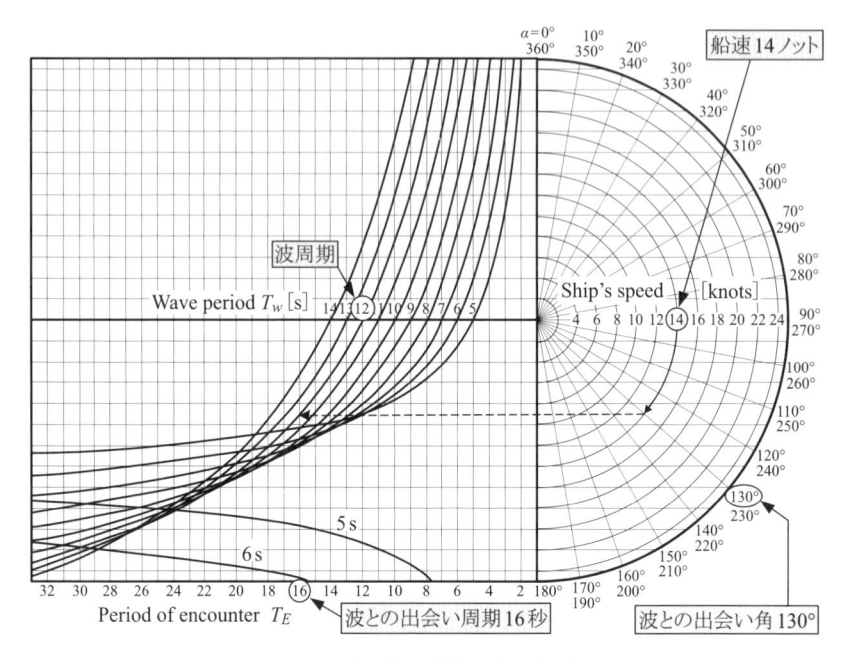

図7.11 波周期の計算図表の使用例

① 船速（14ノット）と波との出会い角（130°）の交点を求める。
② ①の交点を左に平行移動し，波との出会い周期（16秒）との交点を求める。
③ ②の交点と波周期曲線を比較し，波周期を求める。この例では，12秒となる。

7.1.7　空船航海

（1）空船航海の弊害

満載状態に比べ，軽喫水で航行する空船航海には次のような欠点があることに注意しなければならない。

① 風圧増加による転覆モーメントの増大により，復原力の損失を招く。
② 風圧増加による回頭モーメントの増大により，保針が困難となる。

③ 風および波浪によるリーウェイが増大する。
④ 風および波浪の影響により船速が低下し，それに伴い操縦性が低下する。
⑤ 一般に空船状態では船尾トリムが大きくなるため，スラミングが増大する。
⑥ プロペラの空転（racing）を増大させ，推進効率を低下させる。
⑦ 一般に，空船状態ではGMが大きいため横揺れ周期が小さくなり，動揺加速度が増大してバラストの移動やラーチ現象を誘発しやすい。

(2) 空船航海時の処置

空船航海時には，前述したような弊害が生じ耐航性が著しく低下するので，バラスト（ballast）を搭載し，できる限り喫水を増加させて船の安定を計らなければならない。これをバラスティング（ballasting）という。

バラスティングは，次を基準として行えばよいといわれている。

① 排水量
　　夏期：夏期満載排水量の50％
　　冬期：夏期満載排水量の53％
② トリム
　　船の長さの1/100〜2/100の船尾トリムとする。
③ プロペラ深度
　　軸心の深度をプロペラ直径の0.3以上（なるべく0.33以上）とする。

(3) バラスト積載上の注意

バラストにはバラストタンク（ballast tank），ディープタンク（deep tank）および船倉（ホールド：hold）に張る水バラスト（water ballast：海水，清水）と，出港に先立ってあらかじめ搭載する鉱石，砂，石，鉄屑その他の固体バラスト（solid ballast）がある。

水バラストを搭載するにあたっては，次の事項に注意しなければならない。

① バラストタンクなどに水バラストを採るときは，できるだけ自由水をなくすため，タンク一杯に採水する。

② 水バラストの積載は停泊中に行うのがよいが，航海中しかも動揺時にこれを行う場合は，船体に固定傾斜を与えないよう注意する。また，注水作業中はタンク内に自由水が生ずるので，この影響による GM の減少に注意しなければならない。

7.1.8 荒天準備と荒天操船

荒天が予想されるとき，次の事項について適確な判断を下し，避航するか続航するか，適切な運用法をとらなければならない。

① 低気圧の種類とその程度
② 低気圧の予想針路と本船の位置
③ 本船の耐航性と運動性能
④ 付近の地理的条件と避泊地の有無

(1) 荒天準備

① 船体の動揺に対する措置

　(i) 移動物を固縛し，ばら積貨物の安定を図る。
　(ii) 自由水をなくし，復原性を保持する。
　(iii) 空船時はバラスティングを行う。

② 波の衝撃，打込みなどに対する措置

　(i) 開口部の閉鎖および補強を行う。
　(ii) 暴露甲板上の属具類の保護措置を講ずる。
　(iii) 小型船にあっては，舵，操舵機への波の衝撃を緩和する措置を講ずる。
　(iv) フリーイングポート（freeing port），スカッパーパイプ（scupper pipe）など甲板上の排水設備の整備，清掃を行う。
　(v) 排水ポンプの作動点検を行う。

③ その他の措置

(i) 通路のストームレール (storm rail), 照明などを点検するとともに, 必要に応じてライフライン (life line) を展張し人命の安全を図る。
(ii) 船内巡視を励行する。

(2) 荒天操船

① 操舵上の注意

(i) 小舵角で小刻みに操舵を行うのが原則である。
(ii) 保針の操舵は, 船首の動きに細心の注意を払い, 大舵角の当て舵をとってはならない。
(iii) 変針は小舵角で小刻みに行う。また, 変針は船の動揺と海面状態をよく観察して最も状態の良い時機を選んで行い, ただむやみに変針することは危険である。

② 踟蹰(ちちゅう)（ヒーブツー：heave to）

船首を風浪に立て, 舵効を保持できる最小の速力をもって前進し, 荒天に対処する方法をヒーブツーという。一般に船首より2～3点の方向から波浪を受けるようにする。

利点としては, 波浪に対する姿勢を保持しやすく, 風浪下側への漂流がなく, 風下側に十分な余裕水域がない場合でも採用できる。

欠点としては, 波に向かうので船首の波による衝撃を完全に避けることができず, また船首への海水打込みを防ぐには不十分である。

③ 順走（スカッディング, scudding）

荒天に対処するため, 波浪を斜め船尾方向に受けながら波に追われるように航走する方式をスカッディングという。

利点としては, 船の受ける波の衝撃力は最も小さく, 相当の速力を保持してもよいので, 積極的に荒天海面, とくに台風中心から脱出するような場合によい。

欠点としては, ブローチングやプープダウンを起こしやすく, 保針性も悪い。

④ 漂 泊(ライツー:lie to)

　荒天に対処するため，機関を停止して船を風浪下にそのまま漂流させ，波に逆らわないようにする方式をライツーという。低速では波に向首できない船，追い波中での保針性の悪い船で採用する。

　船は風浪を正横ないしわずか正横後の方向に受け，いわゆるビームシー(beam sea)の状態となる。したがって十分な復原力を持たなければ横不安定となって危険である。

　利点としては，船体に当たる波の衝撃力を大幅に減じることができ，海水の打込みも比較的少なく，また舵による保針を必要としない。

　欠点としては，船体の漂流量が大きいので風下側に十分な余裕水域を必要とし，またビームシーとなって横揺れが激しくなると積荷の移動の誘発および自由水の移動によって復原力の損失を招く。

⑤ 荒天航行が困難になったときの処置

　荒天中の続航が困難になったとき，機関または操舵機の故障で航行が不可能になったときは，船首を風に立ててその場に止まるために次の措置を講じるのがよい。

(i) ヒーブツー(heave to)を行う。

(ii) ライツー(lie to)を行い，船首より錨鎖，ホーサなどを繰り出してその抵抗により船首を風に立てる。ただし，この方法による効果はあまり期待できないといわれている。

(iii) 漁船などの小型船ではシーアンカーを投入して船首を風に立てる。鎮波のために散油装置をつけることもある。

7.1.9　台風避航法

　台風などの熱帯性暴風の来襲を知ったならば，全速力でその勢力圏外に退避するのが上策である。しかし，その接近が速いときには，次の方法により避航する。

　北半球における台風避航法を図7.12に示す。

① 台風の右半円で，圏外に避航できる可能性があれば右船首 2～3 点に風浪を受けて避航する。
② 右半円前面にあって，左半円に移れると確信したとき，あるいは台風の進路上にあるとみたときは右舷船尾に風浪を受けて順走する。
③ 左半円にあるときも，右船尾に風浪を受けて順走する。
④ 台風の中心か，中心に近いときはヒーブツーを行い時機を待つのがよい。

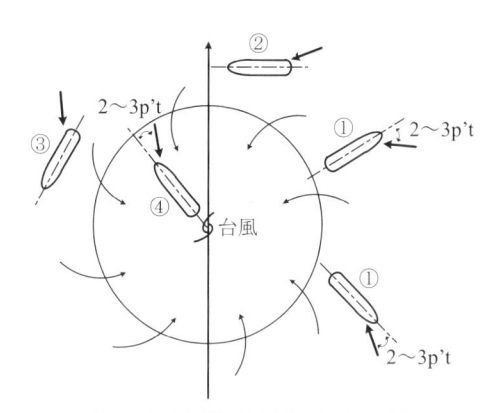

図7.12 台風避航法（北半球の場合）

北半球では 3R の法則といわれる操船法がある。風が右回り（R）のときは台風の右半円（R）にあるから，右船首（R）に風を受けて中心より脱出する方法である。

7.2 荒天錨泊

7.2.1 単錨泊中の船体の振れ回り運動と錨鎖張力

（1）船体の振れ回り運動

単錨泊中の船は，風が強くなり船体に働く風圧が増加すると周期的な振れ回り運動を行う。このとき，船の重心は図 7.13 に示すような 8 字形の軌跡を描く。振れ

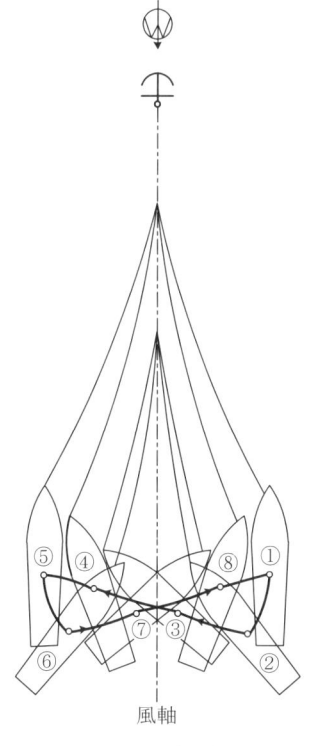

図7.13 錨泊中の船体の振れ回り運動

回りの軌跡からわかるように,一般的には,①および⑤の位置で船首が風に立ち,船体は風軸線より最も離れた位置にある。また,③および⑦の位置では,船体に対する風向角が最大となるが,船体の位置は風軸近くにある。

(2) 錨鎖張力の変化

船型により異なるが,一般に,風速が10 m/secを超えるあたりから船体の振れ回り運動が顕著になるといわれている。また,風速の増大につれて振れ回り運動が大きくなれば,錨鎖に衝撃的な力が加わるようになる。

図7.14は,5800総トン型練習船が20 m/secの風を受けて振れ回り中の錨鎖張力の変化を計測[7.2]したもので,平均張力の約3倍に達する衝撃的な力が観測されている。振れ回り運動中,錨鎖に働く平均張力が大きくなるのは,船体に対する風向角が大きくなる風軸と錨鎖の方向が一致する付近であるが,錨鎖の方向と船首尾線が一致した少し後で,前述の衝撃的な力が錨鎖に加わるといわれている。この衝撃力は,主として波浪による船体運動と振れ回り運動により発生すると考えられる。静止把駐力を超える衝撃力が繰り返し錨に作用すれば錨が移動し,移動に伴う錨の回転などにより把駐力がさらに低下することにより走錨が発生するといわれている[7.2]。

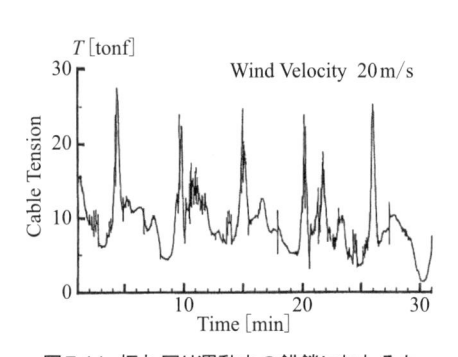

図7.14 振れ回り運動中の錨鎖に加わる力

7.2.2 荒天守錨

錨泊中の船舶が台風などの荒天に遭遇した場合,沿岸航行中に荒天に遭遇し避泊した場合には,必要な荒天準備を行った上,係駐力を増すため錨鎖を十分に伸ばす,錨鎖に働く荷重を軽減するため船体の振れ回り運動を抑えるなどの走錨防止策を講じる。

(1) 荒天準備

　台風などによる荒天が予測される場合，本船のコンディション，付近の停泊船の状況，海底の状況などを考慮した上，要すれば早めに転錨するのが上策で，荒天になってからの転錨は危険である。なお，外海からの"うねり"の侵入は錨泊船に対し格段の悪影響をもたらすので，錨地の選定に際し十分に注意する必要がある。

　荒天準備は次の要領で行う。

① 準航海状態として荒天に対処し，守錨直を立てる。
② 空船の場合，可能ならばバラストを搭載し，できるだけ喫水を深くする。このとき，トリムを船首トリムとするのがよいといわれている。これらの措置は，船体の振れ回り運動の抑止効果がある。
③ 倉口などの開口部を厳重に閉鎖し，船内の移動物を固縛する。
④ 主機，操舵機などを準備して走錨に備える。

(2) 守錨と守錨基準

　船が走錨を始めてからこれを抑止するのは極めて困難で，走錨による海難の防止には，走錨の危険を事前に検知して，その防止策を早めに講じることが重要である。

　一般商船では，水深，底質，風など当時の外力，錨泊時間などを考慮の上，使用錨鎖長を決定して投錨し，停泊状態に入った後は，船ごとに定めた守錨基準にしたがって守錨を行う。守錨基準は，風速の変化に応じて使用する錨鎖長，振れ止め錨の投下時機，航海士による守錨直の開始時機，機関および舵を用意する時機などについて基準を定めたものである。

(3) 走錨の看視

　風，波浪などの船体に作用する外力が錨および錨鎖による係駐力より大きくなれば，船は錨を引きずって流れ始める。これを走錨（dragging anchor）という。

　走錨の発生を知るには次の方法がある。

① クロスベアリング，レーダ，GPS，ECDIS などにより錨位を確認して投錨時と比較する。

　また，船首方向および正横付近に適当な物標を選んでおき，その方位変化を観測すれば船体の移動を知ることができる。
② 船体の振れ回り運動に注意する。

　図 7.15 は，5800 総トン型練習船の走錨時の船体軌跡[7.3]で，走錨の定常状態では，船首をやや風上に向けて約 1 ノットのゆっくりした速度で風下に圧流されている。この実験例に見られるように，周期的な振れ回り運動が止まって船体が風に対して横倒しの状態となり，一方の舷からのみ風を受けるようになれば，走錨の可能性があると判断できる。

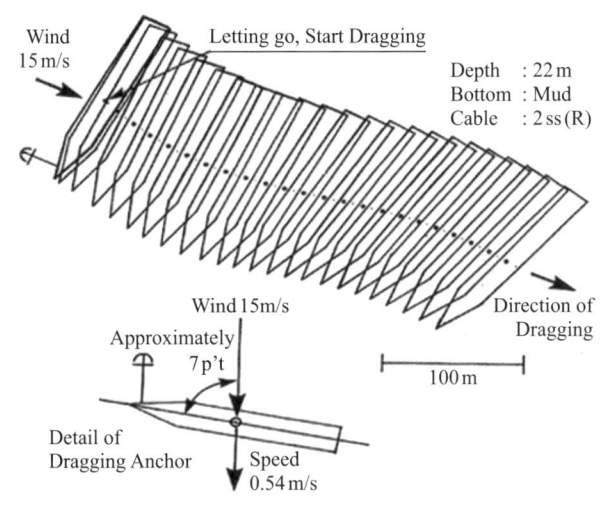

図7.15　走錨時の船体運動

③ レーダ，ARPA により本船の周囲の岸線および停泊船をプロットしておけば，その映像の移動により本船および他船の走錨を知ることができる。
④ 錨鎖が常に張った状態にあり緩まない場合には走錨している可能性があるなど，錨鎖の観察によっても走錨を検知することができる。

(4) 走錨の防止策

① 錨鎖の伸出

錨鎖を伸ばして係駐力を増すが，このときの錨鎖の所要量 S は，従来からの経験式 $S = 4D + 145\,\mathrm{m}$（D：水深 [m]）によりその概略を知ることができるが，この数値は一応の目安と考えるべきで，自船の錨鎖伸出量の適正値を日頃から研究しておく必要がある。

② 振れ止め錨の使用

単錨泊時の船体の振れ回り運動が大きくなった場合，ライディングケーブルと反対舷の錨を振れ止め錨として使用すれば，振れ回り運動を抑制することができる。

図 7.16 は，5800 総トン型練習船での実験例[7.3]で，振れ止め錨の使用により振れ回り運動が半分に減少している。

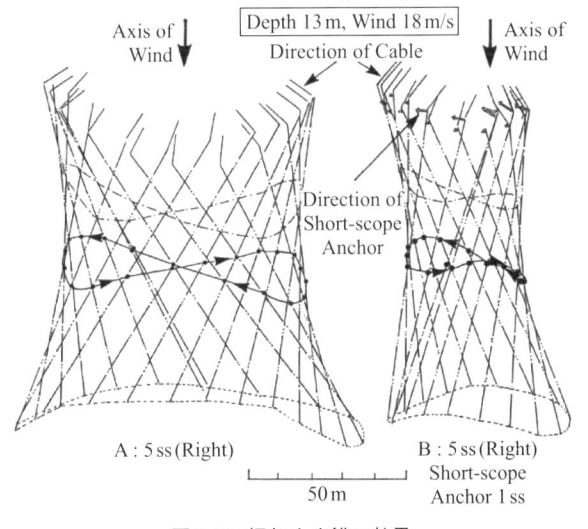

図7.16 振れ止め錨の効果

振れ止め錨は，第 2 錨を水深の 1.25～1.5 倍程度繰り出し，これの走錨抵抗を利用して振れ回り運動を抑えるもので，簡便かつ有効な方法である。この錨

泊法は，風向が変化した場合も船は振れ止め錨を引きずって風に立ち，常に安定した姿勢を保持できる利点がある。

③ 2錨泊

両舷の錨鎖をほぼ均等に伸出して，係駐力の増大と振れ回り運動の抑制を図る方法である。両舷錨鎖の交角を60°程度とすれば，振れ回り運動の抑制に効果があるといわれている。

また，一方向から強風を受ける場合で，風向がある程度予測できれば，錨鎖の交角を20°程度として係駐力を増すのがよい。

2錨泊の欠点である錨鎖のからみを防ぐには，風向の変化に対応して両舷錨鎖の伸縮をこまめに行うよう心がける必要がある。

④ 主機の使用（図7.17）

錨鎖張力を緩和するため主機を使用する場合には，状況の許す限り船首に見張員を配置して錨鎖の状況を刻々操船者に報告させる手段を講じた上，船体の振れ回り運動を増幅させないよう主機の始動，停止を慎重に行わなくてはならない。一般に，前進のみを使用し，舵を併用する。

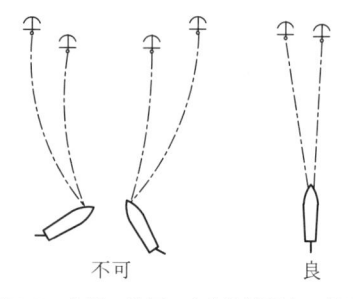

図7.17 主機の使用による錨鎖張力の緩和

(5) 有効な荒天対処法

錨泊時の簡便かつ実用的な荒天対処法として，次の運用法がある。

① 風速の増大に伴う錨鎖の緊張と振れ回り運動の増幅に対しては，錨鎖の伸出による係駐力の増加と振れ止め錨で対応する。
② さらに風が強くなれば，機関と舵を用意して走錨に備える。
③ 走錨が発生すれば直ちに揚錨し，風上に上って再度投錨する。
これは，いったん走錨が始まると，第2錨の錨鎖の伸出により走錨を止めることは困難であり，また，両舷の錨鎖がからむことによって走錨

発生時に揚錨して転錨することが困難となるおそれがあることによる。
④ 天候が回復し平穏になったならば直ちに他舷錨を収納し，ライディングケーブルを所定の錨鎖長に調整し標準停泊とする。

7.3 特殊水域などにおける操船

7.3.1 狭い水道などにおける操船

(1) 通峡計画の立案

通峡計画を立案するにあたっては，次の事項に注意しなければならない。

① 水路調査を綿密に行い，海図，水路誌などにより山峰，島，岬，水深，障害物の有無，航路標識，潮流などについて調べておく。
② 操船法について十分検討した上で，針路，並航距離を決定し，導標線および避険線を設定しておく。

　針路については，湾曲水路では小角度で小刻みに変針を行う針路とする（図7.18）。また，流れの強い水路では反流（counter current）に注意して針路を選ぶが，この場合，流れの中央に針路をとるのがよい。

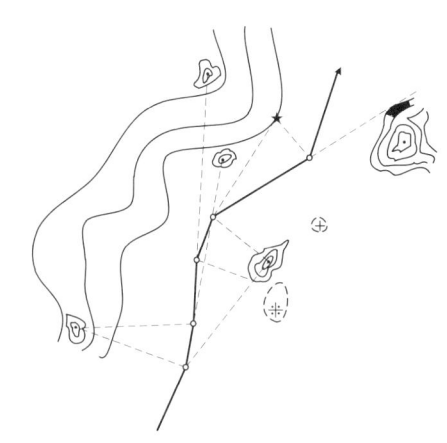

図7.18 湾曲水路における針路法

③ 通峡時機は，夜間や保針が困難となる急潮時を避け，なるべく日中の憩流時（slack water）に通峡するよう計画するのがよい。なお，太陽に向かって航行するときには目視による見張りが困難となるので，この時機を避けるのが望ましい。
④ 通峡水路の選択としては，屈曲の多い水路は逆潮時に，屈曲の少ない水

路は順潮時に航行するのがよい。
⑤ 推薦航路があり，本船の性能，コンディションからみて安全であれば，これに従うのがよい。
⑥ 航法に関する特別規定があれば，事前に十分研究しておく。
⑦ 衝突，機関故障などの不測の事態に備え，緊急に避難できる錨地を検討しておく。

(2) 通峡にあたっての一般的注意

① 厳重な見張りの励行

通峡時には，レーダなどの援助を受けながら厳重な見張りを励行しなければならないが，とくに次の事項に注意する。

(i) 航路標識の確認

灯台，航路ブイなどの航路標識の所在を確認しながら船を進めていく。航路ブイの付近を通過するとき，ブイに当たる水の流れを見れば，潮流の方向と強さをある程度知ることができ，操船上の参考となる。

(ii) 他船の航行状況，漁船などの確認

行会い，同航，追越しなど，周囲を航行する他船の動静の把握に努める。漁船については，網などの漁具使用の有無を確認し，とくに夜間においては，漁具，無灯火操業漁船の探知に注意を払う。

(iii) 水が澄み，太陽が真上にあるときは，水の色の濃淡により浅所が識別できる場合があることに注意する。

(iv) 見張りは，太陽を背にしたとき，また月に向かうときには容易であるが，逆のときは困難となるので注意する。

② 船位の確認

次のような方法により，常に船位を確認しながら航行する。

(i) 重視線または船首目標（船尾目標）の方位と顕著な正横物標の方位による船位の確認。なお，あらかじめ選定しておいた船首目標が現場では見

えにくい場合，船首目標を誤って操船する場合があるので，観測した船の位置から逆に目標の位置をチェックするのがよい。
(ii) レーダによる船位の確認

③ その他
(i) 音響測深儀を常時作動させるなど測深を励行し，水深を確認しながら航行する。
(ii) 海上交通法規の航法規定，信号などを遵守して航行しなければならない。
(iii) 機関をいつでも使用できるよう"機関用意"とし，また，緊急時の投錨の準備を行っておく。

(3) 操船上の注意事項
① 通峡時の速力は，舵効を保つことができ，かつ安全な速力とする。過大な速力は通峡船にとって危険であるばかりでなく，発生する航走波により沿岸の係留船を損傷させることがある。
② 変針は小刻みに行い，大角度変針は避ける。
③ 他船との航過に際しては，両船の反発・吸引作用により船体運動の制御が困難となる場合があるので，針路，速力を適宜調節する。
④ 他船の追越しは，水路に十分な余裕がある場合のほかは避けるべきである。
⑤ 追い越す場合は，水路の中央から左側に逸脱しないよう注意して他船の左側を追い越すのがよい。
⑥ 停泊船がある場合にはできるだけ離れて，減速して適度な速力で航過する。操船に及ぼす外力の影響に，とくに風，浅水影響，側壁影響などに注意して操船する。
⑦ 水深が浅い水域では余裕水深（Under Keel Clearance：UKC）に注意し，減速して航行する。また，舵効が悪くなることがあるので注意する。
⑧ 通峡中，危険を感じたならば，投錨して安全を確保する。

7.3.2 河江における操船

(1) 河江航行時の一般的注意
① 海洋から河江に入るときには，海水と淡水の比重差によって喫水が増加する。
② 河川の水深は時々刻々変化するので，海図記載の水深をそのまま信頼してはならない。
③ 河江の入口付近では，うねり，磯波による船体の上下揺れのため船底が水底に接触するおそれがあるので，余裕水深（**UKC**）に対する注意が必要である。
④ 航路ブイは移動しやすく，位置も確実とはいい難いので注意を要する。
⑤ 河江中には砂洲，浅堆などが存在するのが常であるから，喫水の深い船は満潮時に，またなるべく等喫水に調整して航行するのがよい。
⑥ 一般に，河川の流れは中央部で速く，岸に近いほど遅くなる。また，河江幅の広い場所は浅くて流れも遅いが，狭い場所は深くて流れも速いといわれる。
⑦ 河江の湾曲部ではその主流が衝突する岸は深くて流れが速く，その反対側は遠浅になっていて流れが遅い場合が多い。
⑧ 一般に，無風時に水面にさざ波がたつ場所では水底に凹凸があり，また浅所がある。流れが淀み，渦ができる所は深いとされる。
⑨ 河江口から上流に行くにつれ，落潮流は漲潮流に比較して流れが速く，また，その持続時間も長い。
⑩ 浮遊物などに対する見張りを厳重にし，測深を行いながら航行する。また，いつでも投錨できるよう準備しておく。
⑪ 河江航行時には，その水域に精通したパイロットを招請すべきである。

(2) 操船上の注意事項
① 河江での高速航行は，河江岸の係留船に被害を与えることがあり，また，操船上の困難と危険を伴うので，減速し適度の速力で航行しなければならない。

② 水の比重の違いによる喫水の増加に加えて、浅水影響による船体沈下とトリム変化が起こることがある。また、幅の狭い水域では側壁影響を受ける。

③ 湾曲部では水路の中央部を湾曲に沿って、逐次小さな操舵により変針しながら航行する。このとき、操舵のタイミングを失しないよう十分に注意する必要がある（図7.19）。

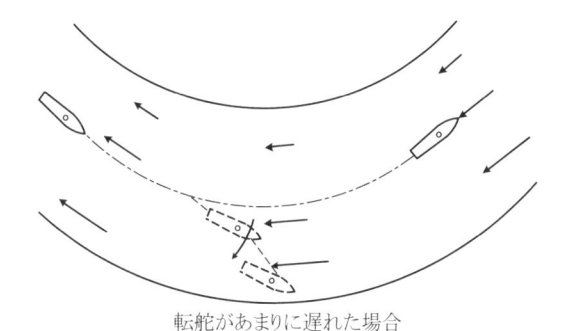

転舵があまりに遅れた場合

図7.19　湾曲部で予想される危険な現象（遡航する場合）

④ 遡航中、下流に向けて回頭する場合、減速して流れの緩やかな水面から流れの急な水面に向かうように回頭すれば容易である（図7.20(a)）。

また、下江中、上流に向けて回頭する場合には、減速して流れの急な水面から流れの緩やかな水面に向かうように回頭すれば容易である。要すれば、横から流れを受ける状態に

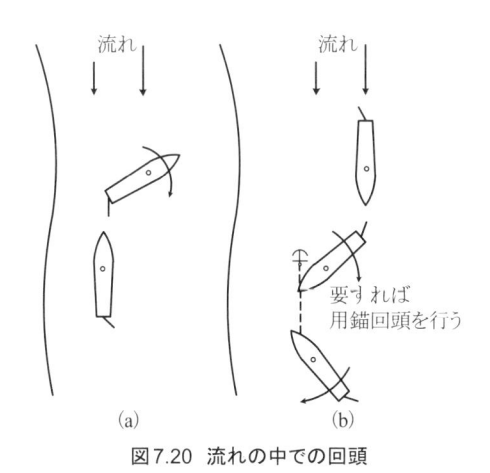

要すれば
用錨回頭を行う

図7.20　流れの中での回頭

なったとき上流側の錨を投下して，船尾を流れに押させて回頭する（図 7.20(b)）。
⑤ 2 船が相反航する場合において，狭い場所で互いに航過するおそれがあれば，遡航船は減速して下江船が最狭部を通過するのを待ち，広い場所で互いに航過すべきである。

7.3.3 礁海における操船

熱帯域の海域では，一般に多数のさんご礁（coral reef）が点在する。礁海を航行する場合には，特別の警戒が必要である。

(1) 礁海航行時の一般的注意
① 水路図誌の精度に限度があり，航行する地域，場所によっては全面的に信頼を置き難い場合もある。
② さんご礁海域の気象は，一般にその地が無風帯または貿易風帯内にあるため，穏やかな日が多いが，所によっては熱帯低気圧や予期しない猛烈なスコール（squall）に遭遇することもある。
③ さんご礁海域は，一般に赤道海流および赤道反流の流域に含まれ，その影響を受けることが多い。しかし，島嶼付近では非常に複雑な，しかもその性質の定かでない海潮流が存在するので，島嶼に接近する場合には注意を要する。
④ 一般に，さんご礁海域の航路標識は同じ海域の大陸沿岸のものと比較して貧弱で，その位置も不明確な場合がある。
⑤ GPS などの電波航法計器を活用して船位の確認に努めるが，目視による船位の確認を怠ってはならない。この場合，陸標を誤認しないよう注意する。また，極力，島頂など顕著な物標を利用し，海岸線は利用しないのがよい。
⑥ さんご礁海域では，水色は底質，水深，天候および光線の具合によって一様ではないが，水路誌などによれば，光線が十分な場合，水の色によりその地の水深をおおむね表 7.1 のように判断してよいようである。

表7.1 海水の色と水深

海水の色	水深
濃紫藍色	水深70m以上
紫藍色	水深40〜70m、海底が白礫のときは、やや青色を増す。
帯紫青色	水深30m内外、区域が広く周囲の水深が深ければ青色に見え、ときどき白色を加える。 水深20m内外は青色、水深15m内外は帯白色である。
帯青緑色	水深10m内外
帯黄緑色	水深2〜5m
帯褐色	水深2m以内

(2) 操船上の注意事項

① 測深を励行し、熟練した見張りを高所に立て報告させるなど、浅所の発見に努める。
② 狭隘部を航行するときは、昼間しかも太陽高度が高い時期に、これを背にして航行するのがよい。また実行可能であれば、干潮時を選ぶのが良策である。
③ 未知の海域で、パイロットサービスのあるところでは、パイロットを招請するのがよい。
④ 航行中は、海潮流の変化に十分注意する。とくに礁湖（ラグーン：lagoon）に出入するときは、内側は流れが弱く、外洋側は流れが速い場合が多いので、速力の調整および操舵を慎重に行わなくてはならない。
⑤ 航路標識、とくにブイはその位置が不明確な場合があるので注意を要する。

7.3.4 氷海における操船

海上で見られる氷には、海水が凍結した海氷（sea ice）、氷山（ice berg）のように陸で生成された陸氷（ice of land origin）、湖でできた湖氷（lake ice）および河でできた河氷（river ice）があり、これらが水に浮かんでいるものを総称して浮氷（floating ice）と呼ぶ。

代表的な陸氷として南極および北極の氷山があるが，グリーンランドおよびその付近の氷河から出た氷山は，ラブラドル海流に乗って南下し，北大西洋航路を航行する船舶に影響を及ぼす。

海氷は海岸に固着している定着氷（fast ice）と，海上を漂流している流氷（drift ice）に分けられる。日本近海で見られる浮氷は，ほとんどが海氷である。

(1) 氷海航行時の一般的注意

① 流氷塊のある海域では見張りを厳重にし，要すれば，船尾にも見張員を配置する。

また，レーダを活用して流氷，氷山などの発見に努める。流氷は3～4海里離れるとレーダに映りにくくなるが，2～3海里の範囲では，レーダは流氷の発見に有効であるといわれている。

② 氷山などの発見には，氷光（ice blink：遠方の氷の表面から反射する光が上空の雲に映り，白っぽく輝いて見える現象）が，氷雪に覆われた陸地の発見には陸光（land blink：黄色を帯びた，もうろうとした光の反射）がその手掛かりとなることがある。

③ 氷山の付近では水温が急激に降下することがあり，海水温度の連続観測により氷山の接近を予知できる場合がある。

また，氷山に亀裂を生じ，分砕するときは，爆音を発することがある。

④ 流氷は霧を伴うことが多いので，急激な霧の発生に注意する。

⑤ 水路誌などによれば，夜間および霧中における氷の見張りに関して次のようにいわれている。

 (i) 晴天の暗夜においては，氷は白色または暗黒色に見え，1～2海里の近距離での視認にさほどの困難はない。

 (ii) 夜間，月に向かうと発見が困難で，月を背にすると有効である。

 (iii) 雲は発見に困難をきたし，または誤認させることがある。

 (iv) 霧中において氷山は，最初はその形状が明らかではなく暗黒塊として現れ，次に，その上部および周囲より発する閃光が認められ，そのために氷山の外観が増大して見えるのが常である。

 (v) 黒色の氷山は，時として岩と見誤ることがある。

⑥ 氷海に入る前に喫水を深め，トリムをとも脚（by the stern）としてプロペラおよび舵の保護に努める。
⑦ 夜間航行は極力避ける。やむを得ず夜間に航行する場合は，見張りをさらに厳重にして低速で航行する。
⑧ 甲板機械や配管などの凍結を防止するよう措置する。

(2) 操船上の注意事項
① 氷山は，そのわずかな部分が海面上に現れているに過ぎず，これに接近して航行してはならない。氷山などに遭遇した場合，これを風下に見るよう大きく迂回して航過する。
② 氷が比較的薄くて軟らかければ，これを破砕して航行を継続することができる。
③ 流氷域で急激に大角度変針を行った場合，氷塊の衝突により船尾部，舵，プロペラを破損するおそれがある。変針は小舵角で徐々に行うのがよい。
④ いつでも停止できるよう機関用意とし，減速して航行する。
⑤ 砕氷船のある港湾ではこれの支援を受けて航行する。砕氷船との追従距離は砕氷船の長さの2～3倍程度が適当といわれている。

7.3.5　水先人を乗下船させる場合の操船

水先法第19条に「船長は，水先人が安全に乗下船できるよう適当な方法を講じなければならない」と規定されているように，港外における水先人（pilot）の乗下船には常に危険がつきまとうものであるから，その安全を確保するため万全の措置を講じなければならない。

(1) 水先人乗船のための諸準備および一般的注意
① 水先人の要請は，あらかじめ代理店などを通じて行うが，港に近づいた段階で，国際VHFなどにより本船から直接パイロット基地と連絡をとり，到着予定時刻を通告して水先人の乗船を確認する。

② 水先人の乗下船に関して，特別な規定を定めている場合があるので，事前に水路誌などにより十分な調査を行っておく。
③ 水先人用はしご（パイロットラダー：pilot ladder）の取付けは，パイロット基地からの特別な指示がない限り風下舷とする。また，取付けには必ず航海士が立ち会って作業を監督し，安全を確認する。
④ パイロットラダーは，SOLAS 条約（海上人命安全条約：International Convention for the Safety of Life at Sea）第 5 章第 23 規則の規定を満足するものを使用し，同規則の規定に従って取り付ける。
⑤ パイロットの乗下船には，航海士を立ち会わせ，船橋との連絡手段を確保する。
⑥ 我が国においては，各水先人会から「水先人要請要項」が出されており，これに沿って諸準備を行うのがよい。
　　水先人要請要項には，次の事項が記載されている。
 (i) 水先人会事務所所在地，電話番号など連絡先および申込要領
 (ii) 水先人数，水先船隻数
 (iii) 水先人の乗船場所および要請船として必要な注意事項
 (iv) 水先区域，港域，検疫錨地，水先人の乗船場所，その他関係事項を記載した略図

(2) 操船上の注意事項
① 水先人の乗下船場所に接近する場合には，風下側から水先艇（パイロットボート：pilot boat）が接近できるように針路を選ぶ。このとき，なるべく直進できるような針路とし，ボートが本船に達着しやすいようにする。
② 風，波の影響を軽減するためリーサイド（lee side）を設ける場合の針路の変更は，一般に，原針路から 40〜60° を目安として行われる。
③ パイロットボートに接近する際の速力は，6〜8 ノット程度とするが，操船上必要な舵効が期待できる速力は保持しておかなくてはならない。
　　なお，港によっては，水先人の乗下船のため本船が保持すべき速力を指定する場合もあるので注意する。

④ 風，潮流のある場合にはこれによる圧流を考慮して，針路，速力を適宜調整しながら接近する。
⑤ 水先人の乗下船時（とくに舷側の昇降時，移乗時）には，一時主機を停止しておくのが望ましい。
⑥ パイロットボートの本船への達着，離船時には，船橋からの監視を怠らないようにして安全確保に努める。
⑦ 港によっては錨地を指定されてパイロットを待つ場合もあるので，この場合，投錨の準備を行っておく。

7.4 海難救助

7.4.1 海難救助体制

衝突，乗揚げ，浸水，転覆，沈没，火災，機関故障，人身の災害，積荷の損害などが発生することにより，船舶の正常な機能あるいは状態が阻害される事態を海難という。海難が発生した船舶などを速やかに救助するため，次のような海難救助体制が整備されている。

(1) GMDSS

GMDSS（Global Maritime Distress and Safety System：海上における遭難及び安全の世界的制度）は，海難が発生した船舶からの遭難警報を，衛星通信を含む信頼性の高い通信システムを使用して陸上の救助調整本部（RCC：Rescue Co-ordination Center），救助支部（RSC：Rescue Sub-Center）や付近にある船舶に伝えることにより，海難救助を迅速かつ確実に行うことを目的としたシステムであり，国際航海に従事するすべての旅客船と総トン数300トン以上の貨物船を対象としている。また，GMDSSでは，船舶に対し，海難防止に必要な航行警報，気象警報などの海上安全情報が提供される。

GMDSSにおける通信の概要は，図7.21に示すとおりであり，通信設備には次のものがある。

158

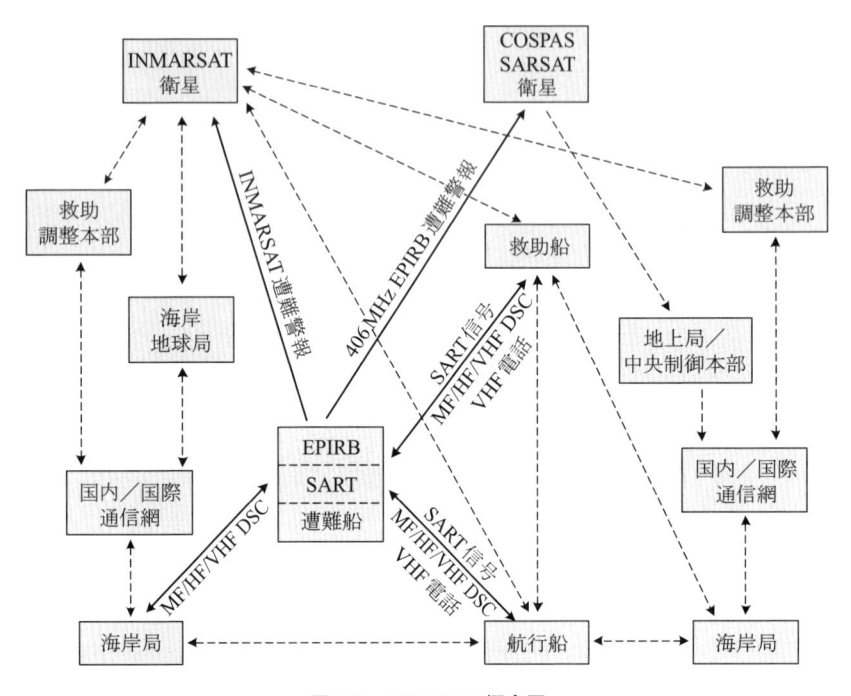

図7.21 GMDSSの概念図

① 遭難および一般通信設備
- MF/HF/VHF 無線電話
- デジタル選択呼出装置（DSC：Digital Selective Calling）
- 狭帯域直接印刷電信装置（NBDP：Narrow Band Direct Printing Equipment）
- インマルサット船舶地球局無線設備

② 自動遭難通報設備
- 衛星 EPIRB（Emergency Position Indicating Radio Beacon：COSPAS-SARSAT 衛星で中継）

③ 位置表示信号装置
- レーダトランスポンダ（SART：Search And Rescue Radar Transponder）

④ 救命艇用通信装置
　　　　● 持運び式双方向無線電話装置
　　⑤ 海上安全情報（MSI：Maritime Safety Information）受信設備
　　　　● ナブテックス（NAVTEX）受信機
　　　　● インマルサット高機能グループ呼出受信機（EGC：Enhanced Group Call）

(2) 海難救助に関する国際協力

① SAR協定

　SAR条約（International Convention on Maritime Search and Rescue：海上における捜索及救助に関する国際条約）の勧告に基づいて関係締約国との間で結ばれる捜索と救助に関する協定である。

　日本は，米国，ロシア，韓国などとの間でSAR協定を締結している。

② 船位通報制度

　SAR条約により船位通報制度（ship reporting system）の導入が勧告されており，制度に参加する船舶から報告される航海計画，位置情報を陸上で管理することにより動静を常時把握しておき，海難が発生した場合に迅速かつ的確な捜索救難活動を展開することを目的としている。

　現在運用されている船位通報制度として，日本のJASREP（Japanese Ship Reporting System），米国のAMVER（Automated Mutual-assistance Vessel Rescue System），オーストラリアのAUSREP（Australian Ship Reporting）などがある。

(3) 海難救助に関する公法上の義務付け

　日本では，海上保安庁法第2条により海上保安庁に対し海難救助が義務付けられており，領海のみならず公海上においても効果的な海難救助を実施している。この他，水難救護法第1条に「遭難船舶救護ノ事務ハ最初ニ事件ヲ認知シタル市町村長之ヲ行フ」とあり，市長村長に対し，その地先海面における遭難

船の救護事務を要求している。

また，船員法第 14 条（遭難船舶等の救助）に「船長は，他の船舶又は航空機の遭難を知ったときは，人命の救助に必要な手段を尽さなければならない。但し，自己の指揮する船舶に急迫した危険がある場合及び命令の定める場合は，この限りでない」と規定されており，同法施行規則第 3 条（遭難船舶等の救助義務の免除）に該当する場合の他，一般船舶に対しても海難救助を義務付けている。

7.4.2　国際航空海上捜索救助マニュアル

IMO は，国際民間航空機関（ICAO：International Civil Aviation Organization）と共同して，各締約国が自国の捜索救助（SAR）の要求を満たし，かつ国際民間航空条約（Convention on International Civil Aviation），SAR 条約および SOLAS 条約により各国が担う義務の履行を支援することを目的とした国際航空海上捜索救助マニュアル（IAMSAR マニュアル：International Aeronautical and Maritime Search and Rescue Manual）[7.4] を作成している。

IAMSAR マニュアルは，第 I 巻（組織および管理：Organization and Management），第 II 巻（活動調整：Mission Co-ordination）および第 III 巻（移動施設：Mobile Facilities）の 3 分冊で構成される。第 I 巻では，全世界的な SAR システムの概念，国家的および地域的 SAR システム（National and Regional SAR System）の設立の改善，効果的かつ経済的な SAR サービスを提供するための近隣諸国間の協力について述べてある。第 II 巻は，SAR 活動と演習の計画，調整を担当する要員の支援を目的としている。第 III 巻（移動施設）は，捜索，救助，現場調整者の機能の支援，自らが緊急事態に至った場合の SAR 局面における支援のため，船舶，航空機，救助隊が携行することを意図しており，商船には，第 III 巻が搭載される。

第 III 巻は，「概要」「援助の提供」「現場における調整」「船舶および航空機の緊急事態」の 4 つの節で構成され，それぞれに具体的な措置が述べられているが，本書では，第 2 節「援助の提供」，第 3 節「現場における調整」および第 4 節「船舶および航空機の緊急事態」を中心に，自船が SAR 活動を行う場

合の要点を解説する。

(1) 捜索救助（SAR）活動の調整

　効果的な SAR 活動を実施するためには，SAR の関係機関と，個々の航空機，船舶および陸上にある救助施設との間の調整が必要である。

　この点について，SAR 条約批准国においては，それぞれに SAR 区域（SAR 条約では SRR：Search and Rescue Region と定義している）を設定し，救助調整本部（RCC）または救助支部（RSC）を設けて SAR 活動を調整している国が多い。

　SAR 事態が発生すると，通常は救助調整本部（RCC）または救助支部（RSC）内に捜索救助活動調整者（SMC：Search and rescue Mission Coordinator）が指名される。SMC は，SAR 実施機関の確保，SAR 活動の計画および調整を行う。また，SMC は現場指揮者（OSC：On-Scene Commander）を指名し，現場における生存者の発見および救助計画実施の調整などを行わせることができる。

　捜索救助の現場においては，SAR 活動に従事している船舶，航空機相互間の調整が必要であり，通常は SAR 専門の船舶（軍艦を含む）が現場にいるときはその船舶が，複数でいるときにはそのうちの一つが現場指揮者（OSC）の任務につき，商船はその指示を受けて SAR 活動に従事することになる。

(2) 救助を行う船舶が直ちにとるべき措置

　遭難通報を受信した船舶は，次のような措置をとる。

①　通報の受信通知を送り，可能であれば，遭難船舶から遭難位置，船名，コールサイン，乗員数，遭難の状態など，救助に必要な情報を収集する。
②　遭難船舶との通信を維持するとともに，SAR システムへ状況を報告する。
③　遭難船舶に自船の識別（船名，コールサイン），位置，速力，到着予定時刻および自船から見た遭難船舶の真方位と距離を知らせる。
④　海図へのプロット，レーダプロッティング（radar plotting），GPS を活

用するなどして遭難船舶の位置を把握しておく。
⑤ 遭難船舶に近い場合は，遭難船舶を見失わないよう見張員を増員する。

(3) 船上における準備作業

救助に向かう船舶は，次のような機材が使用できるよう準備する。

① 救命艇，救命いかだ，救命浮環，救命索発射機，ブリーチェスブイ（breeches buoy），救助バスケット（rescue basket），救助用担架（rescue litter）などの救命・救助機器
② 信号灯，探照灯，懐中電灯，発煙ブイ，着色標識などの信号装置
③ 担架，毛布，医療器具，医薬品など医療援助の準備を行う。
④ 救命用ボートなどが安全に横付けできるように，両舷の水線付近に船首から船尾までロープ（guest warp：つかまり綱，guest rope ともいう）を張る。
⑤ 生存者の乗船のため，最下段の暴露甲板にパイロットラダーとマンロープ（manrope）を取り付ける。
⑥ 本船への乗船時の足場として使用する救命艇を準備する。
⑦ 生存者を救助するため水中に入る乗組員に適切な装備をさせる。

(4) 生存者の救助

① 火災，非常な荒天のため，または救助船が接舷できない場合には，救命艇，救命いかだを近くまで曳航する。
② 火災の場合は風上から接近し，救命いかだには風下から接近するなど，当時の状況を見て現場に接近する方向を判断する。
③ 生存者の収容は，次の方法による。
　(i) 救命索発射器，ヒービングライン（heaving line）を使用して救命浮環，救命索を生存者に渡す。
　(ii) 救命浮環または浮きを付けた救命索を流す。
　(iii) 船側の障害物がない場所に設置したパイロットラダー，ジャコブスラダー（Jacob's ladder），ネットを使用する。

(iv) 適切な海上収容装置により生存者を引き上げる。
　(v) 生存者が乗り込みあるいはつかまるための救命艇，救命いかだを送る。
　(vi) 状況が許せば，ボートフォール（boat fall）を利用して救命艇，救命いかだを昇降機として使用する。
　(vii) クレーン（crane），ダビット（davit），デリック（derrick）により生存者を吊り上げる。
　④ 水中の生存者は，水中からの突然の移動に伴うショック，低体温症のリスクを軽減するため，可能であれば体を水平または水平に近い状態にして吊り上げる。

(5) 捜索計画の作成
　現場指揮者（OSC）は，SMCから受領した捜索計画に従って捜索活動を行うのが原則であるが，OSCが捜索計画を作成する場合は，次の手順による。

① 推定基点
　風および海潮流による漂流の推定合成値を漂流値（drift），漂流値を推定することにより，捜索目標の存在する公算が最も大きいと考えられる位置を推定基点（datum）という。IAMSARマニュアルでは，救命いかだについて当時の風速に対応した漂流速度の推定図表を示している。

② 捜索幅
　後述する捜索パターンのほとんどは，矩形区域をカバーする平行トラックで構成されているが，隣接する捜索トラック間の間隔を捜索幅（track spacing）という。
　当時の気象・海象条件を加味した捜索対象ごとに推奨される捜索幅（S）は，次式で求める。

$$S = S_u \cdot f_w \tag{7.12}$$

ただし，S_u：推奨する無修正の捜索幅，f_w：気象補正係数であり，IAMSARマニュアルでは，商船に対して推奨する捜索対象ごとの無修正の捜索幅（表7.2）および気象補正係数（表7.3）を示している。

表7.2 商船に対して推奨される捜索幅(S_u)

捜索対象	視程(海里)				
	3	5	10	15	20
水中の人	0.4	0.5	0.6	0.7	0.7
4名の救命いかだ	2.3	3.2	4.2	4.9	5.5
6名の救命いかだ	2.5	3.6	5.0	6.2	6.9
15名の救命いかだ	2.6	4.0	5.1	6.4	7.3
25名の救命いかだ	2.7	4.2	5.2	6.5	7.5
ボート＜5m(17ft)	1.1	1.4	1.9	2.1	2.3
ボート　7m(23ft)	2.0	2.9	4.3	5.2	5.8
ボート　12m(40ft)	2.8	4.5	7.6	9.4	11.6
ボート　24m(79ft)	3.2	5.6	10.7	14.7	18.1

表7.3 気象補正係数(f_W)

気象 風 km/h(kts) または 波 m(ft)	捜索対象	
	水中の人	救命いかだ
風　0〜28km/h（0〜15kts）または 波　0〜1m(0〜3ft)	1.0	1.0
風 28〜46km/h(15〜25kts) または 波 1〜1.5m(3〜5ft)	0.5	0.9
風　＞46km/h（＞25kts）または 波　＞1.5m（＞5ft）	0.25	0.6

③ 捜索区域

捜索区域（search area）は，推定基点に基づいて次の方法により決定する。

(i) 捜索を直ちに開始しなければならない場合は，捜索半径（search radius：R）を10海里とする。

(ii) 捜索半径を計算する時間的余裕がある場合，次式により捜索半径を求める。

$$\left.\begin{array}{l} R = \dfrac{\sqrt{A_t}}{2} \\ A_t = \sum A_n \\ A = S \cdot V \cdot T \end{array}\right\} \quad (7.13)$$

ただし，A：速力Vノットで航行する1隻の船舶が一定時間（T）にカバーできる区域，A_t：n隻の船舶によりカバーされ得る総区域である。

(iii) 推定基点を中心とする半径の円を描き，円に接する正方形を描いて捜索区域とする（図7.22）。複数の船舶が同時に捜索する場合，捜索区域を適当な広さに分割し，各船舶に割り当てる。

図7.22 捜索区域の算出

(6) 捜索パターン

① 拡大方形捜索（Expanding Square Search：SS）

1隻の船舶によって行われるもので，推定基点から外方に向かって正方形に捜索区域を拡大する（図7.23）。捜索対象の位置が相当狭い範囲にあることがわかっている場合に有効であり，風圧流がほとんどない状態での捜索に適している。

② 扇形捜索（Sector Search：VS）

1隻の船舶または航空機と船舶を同時に使用して推定基点から扇形に行われる（図7.24）。捜索対象の位置が正確にわかっており，捜索区域が狭いときに効果がある。船舶の場合，半径は2～5海里，旋回角を120°として右回りに旋回する。

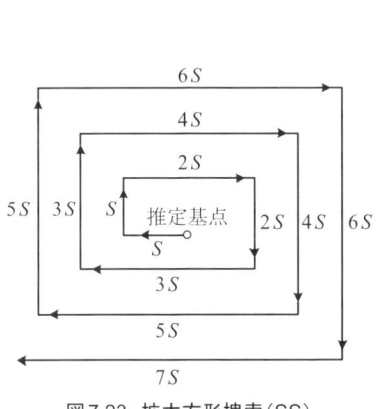

図7.23 拡大方形捜索（SS）　　　図7.24 扇形捜索（VS）

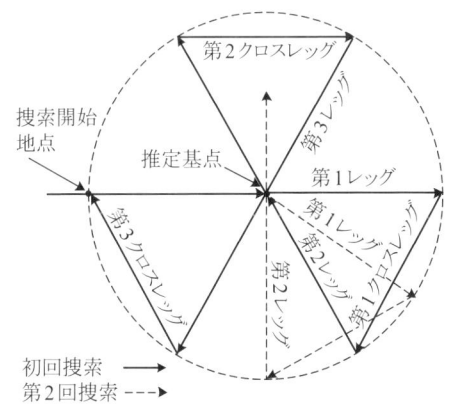

③ 平行スイープ捜索（Parallel Sweep Search：PS）

生存者の位置が不確実な場合における，広い区域の捜索に用いられる（図7.25）。

2隻以上の船舶が，広い区域をいくつかの区域に分割して同時に捜索を実施する平行トラック捜索（parallel track search）に使用される（図7.26～図7.29）。

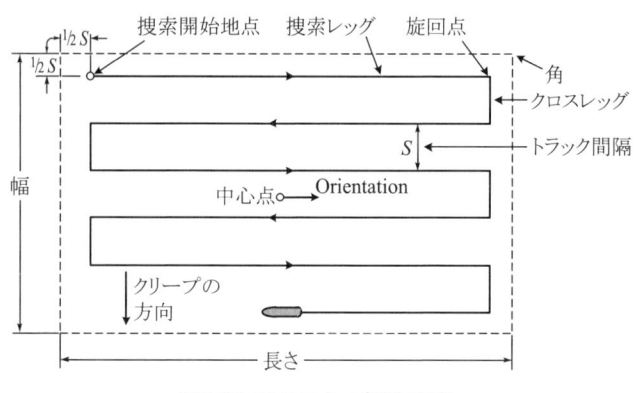

図7.25　平行スイープ捜索（PS）

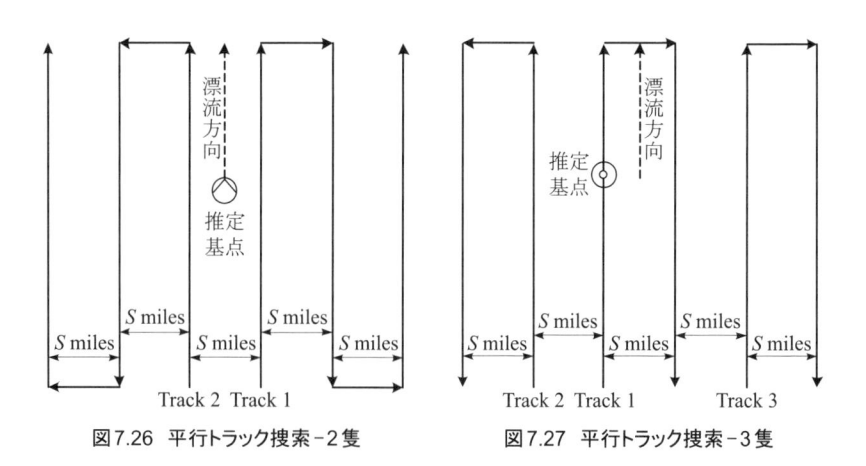

図7.26　平行トラック捜索－2隻

図7.27　平行トラック捜索－3隻

図7.28　平行トラック捜索-4隻

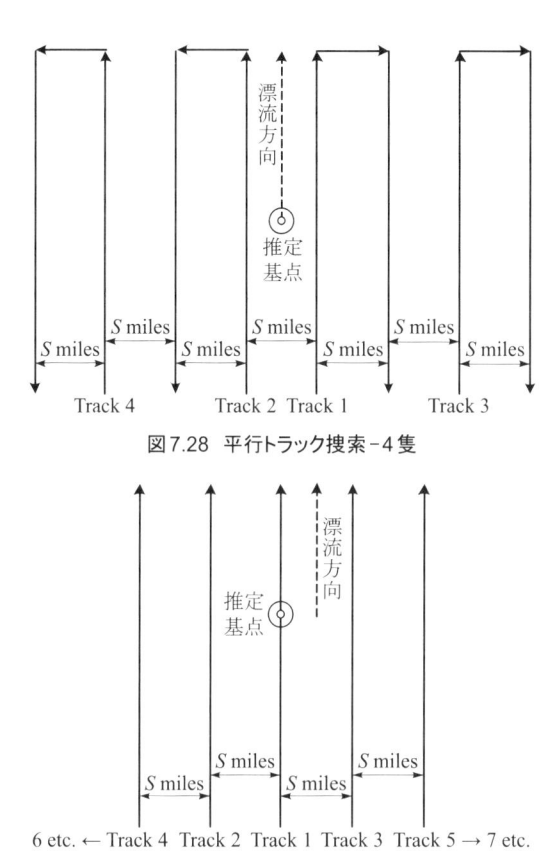

図7.29　平行トラック捜索-5隻以上

④ 船舶・航空機の合同捜索パターン（Coordinated Vessel/Aircraft Search Pattern）

　船舶および航空機が合同で実施する捜索は，OSCが現場にいて航空機に情報と指示を与えられる場合に使用され，通常，合同クリープ線捜索（Creeping Line Search, Coordinated：CSC）が行

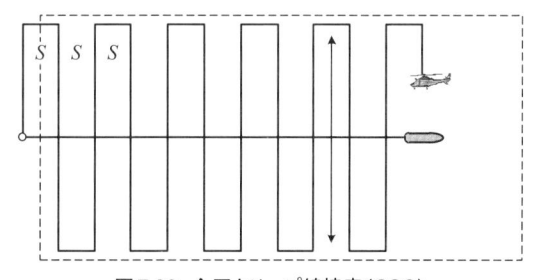

図7.30　合同クリープ線捜索（CSC）

われる（図 7.30）。

(7) 捜索の開始
① 他の船舶よりも早く現場に到着した船舶は，推定基点に直行し，まず拡大方形捜索を開始する。
② 可能であれば，捜索対象と同じ程度の風圧流を受ける救命いかだ，または他の浮遊標識を投げ込むことにより，対象の漂流速度を調べることができる。これは，以後の捜索を実施中，推定基点のマーカーとして利用できる。
③ 他の船舶が到着するに従って，OSC は適切な捜索パターンを選択し，各船舶に捜索分担区を割り当てるが，視界が良好で，十分な数の捜索船がある場合には，最初に到着した船舶には拡大方形捜索を継続させ，他の船舶には平行トラック捜索を行わせることができる。
④ 視界が制限された状態で平行スイープ捜索を実施する場合，安全な範囲でできるだけ船間間隔を小さくするのが望ましいが，捜索範囲が減少する，衝突の危険があるといった問題が発生する。視界が制限されている状態では，OSC は必要に応じて減速を指示すべきである。
⑤ 視界が制限された状態で，いずれかの捜索パターンで捜索を開始する必要がある場合，次の要素を考慮すべきである。
  (i) 船舶が低速で航行するため，捜索に時間を要する。
  (ii) 十分な捜索を行うためには，捜索幅を縮小する必要がある。
  (iii) 捜索幅の縮小には，船間間隔の縮小が必要となり，より多くのスイープを実施することとなる。
  捜索区域を縮小する場合，推定した漂流速度と方向を考慮の上，捜索区域の長さ，幅のどちらか一方または両方の縮小を決定すべきである。
  視界が良好になれば，OSC は，それまでの捜索漏れを補うよう措置すべきである。
⑥ 数隻の救助船を利用できるときには，レーダ捜索が有効なことがある。レーダ捜索は，海難の発生位置がよくわからず，SAR 航空機が利用できないときに有効である。この場合，OSC は，捜索幅をレーダ探知距

離の 1.5 倍に維持して横並びで進むよう各船に指示すべきである。

(8) 捜索の終了

　捜索が成功して救助活動がすべて完了した場合，OSC は直ちに捜索実施機関に対して，捜索が終了したことを報告する。報告には，次の事項を含める。

① 生存者を収容している船舶の名称および目的港ならびに各船舶に収容されている生存者数
② 生存者の健康状態
③ 医療援助の必要性の有無
④ 遭難船舶の現状および航行上の障害となるかどうか

　OSC は，合理的に生存者救助の望みがまったく無くなるまでは捜索を継続すべきであるが，捜索不成功のままで捜索の打切りを決定しなければならない場合は，次の事項を考慮して捜索の打切りを決定する。

① 生存者が捜索区域内にいる可能性
② 万一，捜索目標が捜索を完了した区域内にあるとした場合，その捜索目標を発見できる可能性
③ 捜索船および捜索航空機が現場にとどまることができる時間
④ 生存者が，そのときの気温，風，海上模様などで生存できる可能性

　OSC は，他の救助船および陸上の SAR 機関と協議の上，次の処置をとる。

① 外洋における遭難のときは，捜索を打ち切り，救助船に対して原針路へ復帰するよう通報し，陸上機関へもその旨を通報する。また，所在公算区域内およびその周辺のすべての船舶に対し，見張りを継続するよう要請する。
② 沿岸における遭難のときは，捜索の打切りについて最寄りの海岸無線局（CRS：Coast Radio Station）を通じて陸上の SAR 機関と協議する。

7.4.3 転落者救助

(1) 海上浮遊の場合の生存可能性

船舶からの転落，遭難船からの脱出によって人が海上を浮遊しているとき，その生存の可能性は当時の気温，水温，風，海面状態，着衣の状態などによって異なる。IAMSAR マニュアル第 III 巻第 3 節では，特殊防護衣を使用せず水中で生存可能な時間についての指針（表 7.4）および人体に及ぼす風の影響（表 7.5）を示している。

これを見てもわかるように，海上浮遊者の救助は寸秒を争うものであり，迅速に措置して一刻も早く保護しなければならない。

表 7.4 特殊防護衣を着用せずに生存可能な時間

海水温度（℃）	生存可能時間
2 未満	3/4 時間未満
2～4	1.5 時間未満
4～10	3 時間未満
10～15	6 時間未満
15～20	12 時間未満
20 以上	不定（疲労の程度による）

表 7.5 人体に及ぼす風の影響

推定風速（ノット）	実気温					
	10℃	0℃	-12℃	-23℃	-35℃	-45℃
0	適切に着衣していればほとんど危険なし			裸体部分の凍傷の危険あり		
10						
20						
30					裸体部分の凍傷の危険が非常に大きい	
40 または以上						

(2) 転落者発生時の初期行動

航海中，人が誤って海中に転落したときには，迅速に次の救助措置を講じなければならない。

① 発見者は，直ちに救命浮環（life buoy）を転落者のできるだけ近くに投下する。船橋，船尾付近に設置されるブイには自己発煙信号（self-activating smoke signal）が結びつけられているので，一緒に投下する。

自己点火灯（self-igniting light）を投下すれば，昼夜を問わず有効である。
② 発見者は，転落者の発生を直ちに船橋当直者に通報するとともに，転落者を見失わないように見張りを続ける。
③ 船橋当直者は，直ちに船長に報告するとともに，見張りを増員して転落者の位置確認を続けさせる。見張りは，高所に配置するのが有効である。
④ 汽笛で長音を3回鳴らすなどして転落者の発生を船内に通報し，救助艇部署を発令して救助艇（rescue boat）の降下準備をする。
⑤ 操船上の措置としては，直ちに機関用意（Stand by engine）とし，状況によって転落者の舷に転舵，機関を停止する。これは転落直後の転落者をプロペラから保護するためであるが，概して船橋への通報が遅れることが多いので，転落者はすでに船尾を通過しており，この措置が有効になることは少ない。
⑥ 転落者の収容を支援するため，パイロットラダー（pilot ladder）を準備する。

(3) 転落者への接近操船法

IAMSARマニュアル第III巻第4節では，転落者救助の標準的操船法としてシングルターン（single turn），ウィリアムソンターン（Williamson turn）およびシャーナウターン（Scharnow turn）を挙げている。

① シングルターン

1回ターン（one turn），アンダーソンターン（Anderson turn）ともいう。

転落者の舷へ舵角一杯（35～40°）として急旋回し，原針路から250°回頭したところで舵中央として停止操船に移り，転落者に接近する方法である（図7.31）。転落者に接近する際には，本船を注意深くその風上側に停止させる。

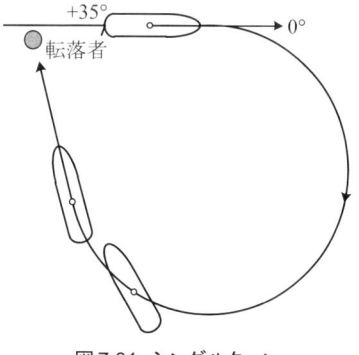

図7.31 シングルターン

この操船法は，視界が良好な場合に適しており，他の操船法に比べ最も早く転落者の位置に戻ることができ，救出までの所要時間が比較的短くて済む。また，転落者を視界内に保ちやすいので，即時行動（immediate action：船橋から転落者が視認されて直ちに行動を開始）の操船法として有効である。

② ウィリアムソンターン

J. A. Williamson が 1942 年に提案したので，この名で呼ばれる。

転落者の舷へ舵角一杯として転舵し，原針路から 60° 回頭したところで反対舷一杯に舵を切り返す。針路が原針路と反方位の針路（180° 回頭したことになる）に入る 20° 手前で舵中央とし，反方位の針路に定針した後，停止操船に移り，転落者に接近する方法である（図 7.32）。

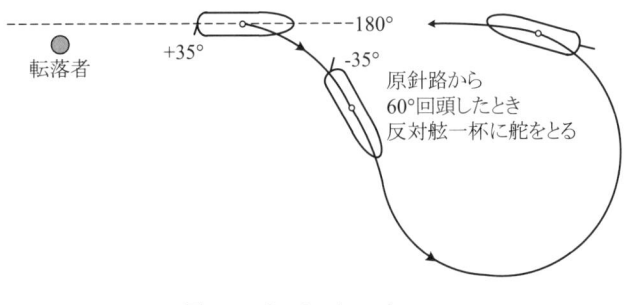

図 7.32　ウィリアムソンターン

この操船法は，視界不良時の転落者救助に適しているが，原針路と反方位の針路に定針しても，本船の操縦性能，風潮など外的な要因によって正確に元の進路上に戻ることは少ないので，見張りを厳重にして転落者の発見に努めなくてはならない。また，この方法では転落者の位置から遠くに離れるので，救助までに時間がかかる。

転落者を発見してからは，注意深くその風上側に本船を位置させるように操船することはシングルターンの場合と同様である。

③ シャーナウターン

U. Scharnow が 1962 年に提案したので，この名で呼ばれる。ウィリアムソンターンと逆の軌跡をたどる要領で行う操船法である（図 7.33）。ただし，即時行動の事態ではこれを使用してはならない。

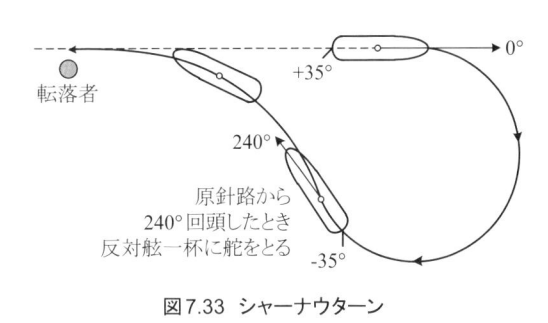

図7.33 シャーナウターン

いずれか一方の舷に舵角一杯として転舵し（ただし，この時点では転落者が船尾を通過していなくてはならない）急旋回し，原針路から 240° 程度回頭したところで反対舷一杯に舵を切り返す。針路が原針路と反方位の針路に入る 20° 手前で舵中央とし，反方位の針路に定針した後，停止操船に移り，転落者に接近する方法である。

図 7.33 に示すように，ウィリアムソンターンに比べ航走距離が短くてすむため，転落者の発生を知ってから急いで元の進路に逆戻りさせ，短時間のうちに転落者の位置に戻るには有利である。一方，ウィリアムソンターンに比べ，停止操船に距離的な余裕が少なく，また姿勢保持にもやや難点がある。また，ウィリアムソンターンと同様に，正確に元の進路上に戻ることは少ないので，注意を要する。

【参考文献】

（7.1）IMO MSC Circular：Revised guidance to the master for avoiding dangerous situations in adverse water and sea conditions（2007）
（7.2）斉藤，横須賀：「荒天錨泊に関する研究 —錨泊中の実船における錨鎖張力の測定について—」日本航海学会論文集，第 74 号（1986）
（7.3）矢吹，山下，斉藤：「実船実験による守錨基準の検討と錨泊状態モニタシステムの提案」日本航海学会論文集，第 108 号（2003）
（7.4）海上保安庁警備救難部救難課：『国際航空海上捜索救助マニュアル，第 III 巻移動施設』海文堂出版（2002）

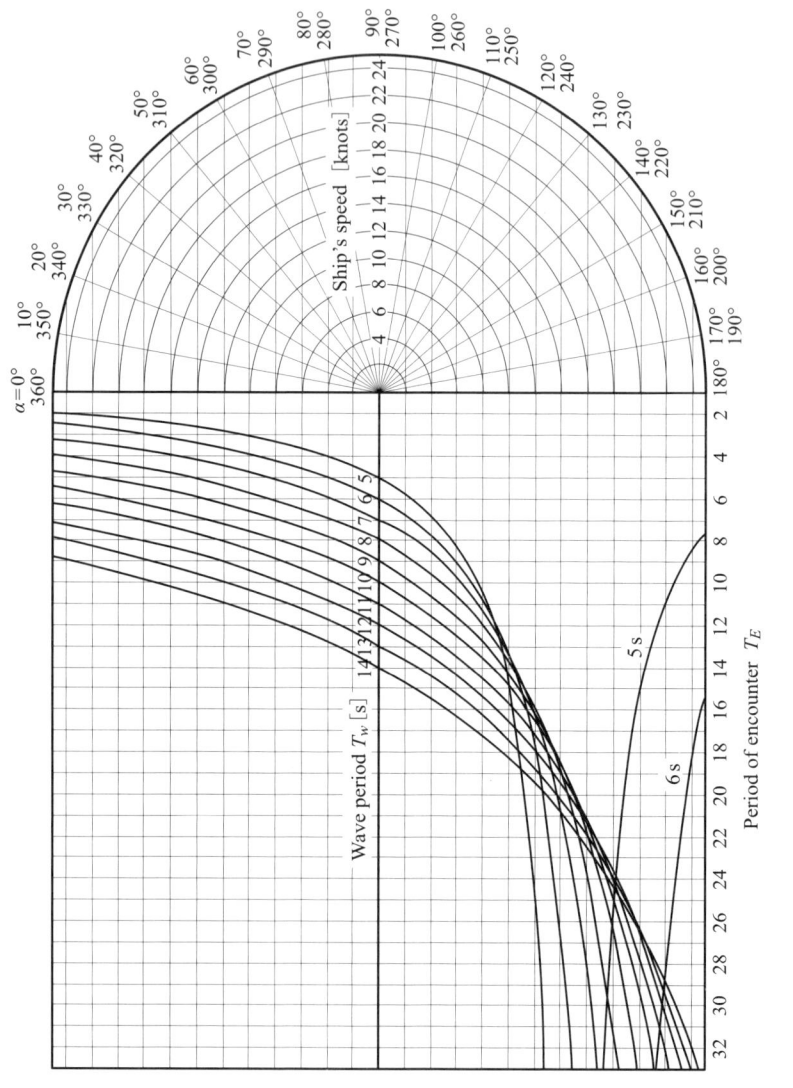

IMO操船ガイドラインによる波周期の計算図表（7.1.6項を参照）

和文索引

(五十音順)

【あ】

IMO 操縦性基準　23
アジマススラスタ　31
頭付け　102
アプローチ操船　81

【い】

1点ブイ係留　107, 108
入船係留　114

【う】

ウィリアムソンターン　172
浮桟橋　88
渦抵抗　47
うねり　123

【え】

曳索　101

【お】

横圧力　35
大型タンカー　89, 111, 119
オーバーシュート角　20, 23

【か】

海水の打込み現象　131
回頭制動性能　23
回頭惰力　11
海難救助体制　157
外方傾斜　16

拡大方形捜索　165
河江航行　150
舵直圧力　2
舵のアスペクト比　2
かじ船　102
舵面積比　17
カスプライン　67
過負荷出力　27
可変ピッチプロペラ　33, 52
岸壁　86

【き】

危険回転数　29
危険方位　84
キック　14
逆スパイラル試験　22
逆転可能回転数　52
救助支部　157
救助調整本部　157
急速停止距離　50
吸入流　33
曲柱　88
緊急逆転停止　50

【く】

空船航海　136
クリアホース　98

【け】

係船設備　88

係船浮標　89
係留索　112
懸垂部　92
減速惰力　49
減速惰力係数　49
現場指揮者　161
検錨　98

【こ】
航海速力　45
後進出力　27
後進投錨法　93, 96
荒天準備　138, 143
荒天中の操船ガイドライン　134
合同クリープ線捜索　167
港内速力　45
高揚力舵　3
国際航空海上捜索救助マニュアル　160
固定ピッチプロペラ　33

【さ】
サージング　125
最短停止距離　50
サイドスラスタ　106
左右揺れ　125
桟橋　86

【し】
シーバース用係船浮標　89
軸馬力　28
シャーナウターン　173
捨錨　98
重視線　83
守錨基準　143
順走　139
礁海航行　152

上下揺れ　125
礁湖　153
蒸気タービン船　30
常用出力　27
初期旋回性能　23
初期復原力　126
深海投錨　97
シングルアップ　118
シングルターン　171
新針路距離　10
真のスリップ　32
真のスリップ比　32
針路安定性　12

【す】
推進器流　33
推進係数　28
推進効率　28
水深のフルード数　70
推定基点　163
スウェイング　125
スカッディング　139
スコット　69
スターンスラスタ　106
スターンライン　112
スタンバイエンジン　45
スタンバイ速力　45
スパイラル試験　21
スピニング　30
スプリングライン　112
スラスト馬力　28
スラミング　132
スリップワイヤ　109, 110

【せ】
静的復原力　126

制動馬力　27
接岸速度　89, 120
Z 型曳船　100
Z 操縦試験　20
Z ドライブ　31
船位通報制度　159
旋回横距　13
旋回径　13
旋回圏　12
旋回試験　20
旋回縦距　13
旋回性指数　6
扇形捜索　165
前後ブイ係留　107
船後プロペラ効率　28
前後揺れ　125
船首揺れ　66, 125
前進投錨法　94, 95
浅水影響　67
船尾キック　14

【そ】
捜索救助活動調整者　161
捜索区域　164
捜索計画　163
捜索パターン　165
捜索幅　163
操縦運動方程式　5
操縦性指数　5
操縦速力　45
操船限界　60
造波抵抗　47
走錨　143
双錨泊　93, 94
側壁影響　74
速力試験　46

その場回頭　40

【た】
対水速力　45
対地速力　45
台風避航法　140
タグ　100
タグの横引き　105
縦揺れ　66, 125
多点ブイ係留　108
端縁影響　2
単錨泊　93

【ち】
蹴躙　139
着桟速度→接岸速度
直柱　88

【つ】
追従安定指数　7
追従性指数　6
通峡計画　147
釣合舵　1

【て】
出会い群波現象　134
出会い周期　66, 132, 134
定常旋回特性　21
停止性能　23, 50, 54
停止惰力　49
ディーゼル船　29
出船係留　116
転心　15
伝達効率　28
伝達馬力　28

【と】
同調横揺れ　132
動的復原力　127
突風率　58
ドルフィン　87, 113, 119

【な】
内方傾斜　16
波乗り現象　133

【に】
2軸船　41
2船間の相互作用　76
2錨泊　93, 96, 146
2錨泊法　96
入出港計画　82

【は】
パイロットラダー　156, 171
バウスラスタ　106
把駐係数　91
把駐力　90
発散波　67
発動惰力　48
パラメトリック横揺れ　133
バンクサクション　74
半釣合舵　1
反転惰力　50
反流　147
伴流　35

【ひ】
ヒービング　125
ヒーブツー　139, 141
ビームエンド　130
ビームシー　140

避険線　83
ヒステリシスループ　22
ピッチング　125
氷海航行　154
錨鎖伸出量　92
錨鎖の把駐係数　91
標準操舵号令　24
漂蹰　140
漂流値　163

【ふ】
不安定ループ幅　22
フィッシュテールラダー　4
ブイロープ　108
風圧合力　57
風圧合力係数　58
風圧モーメント　59
風圧モーメント係数　59
風圧力　57
プープダウン　131
風浪　123
フォイトシュナイダープロペラ　100
付加慣性モーメント　52
付加質量　52
復原梃　126
復原力　126
復原力曲線　127
フック引き　102
不釣合舵　1
埠頭　86
フラップラダー　3
フルード数　69
ブレストライン　112
振れ止め錨　97, 145
振れ回り運動　141
ブローチング　66, 133

プロペラの空転　66, 131

【へ】
平行スイープ捜索　166
平行トラック捜索　166
ヘッドライン　112

【ほ】
方向安定性　12
放出流　33
放出流の側圧作用　34
保針　24
保針性　12
ポッド推進システム　31
ボラードプル　101
ポンツーン　88

【ま】
摩擦抵抗　47

【み】
見かけ慣性モーメント　52
見かけ質量　51
見かけスリップ　33
見かけスリップ比　33
水先人　155
水バラスト　137
ミニマムアヘッドピッチ　37

【ゆ】
有義波　124
有効馬力　28

【よ】
用錨回頭　99
ヨーイング　64, 66, 125

ヨーイングモーメント　64
横だき　102
横波　67
横揺れ　124
余裕水深　71

【ら】
ラーチ　130
ライツー　140

【り】
リーチ　14
離岸操船法　118
流圧差　64
流圧モーメント　62
流圧モーメント係数　62
流圧力　62
流圧力係数　62
リングアップエンジン　46

【れ】
連続最大出力　27
連続最大定格　27

【ろ】
ローリング　124

欧文索引

(アルファベット順)

【A】

added mass *52*
added moment of inertia *52*
advance *13*
AMVER *159*
apparent slip *33*
aspect ratio *2*
astern output *27*
AUSREP *159*
azimuth thruster *31*

【B】

balanced rudder *1*
bank effect *74*
bank suction *74*
beam end *130*
beam sea *140*
berth *88*
BHP *27*
bitt *88*
bollard pull *101*
bow thruster *106*
Brake Horsepower *27*
breast line *112*
broaching to *66, 133*
buoy rope *108*

【C】

catenary part *90*
clear hawse *98*

【C (続)】

Controllable Pitch Propeller *33*
course keeping ability *12, 23*
course stability *12*
CPP *33, 36, 52*
crash stop astern *50*
crash stopping distance *50*
Creeping Line Search, Coordinated *167*
critical revolution *29*
curve of statical stability *127*
Cusp line *67*

【D】

danger bearing *84*
datum *163*
decelerating factor *49*
Delivered Horsepower *28*
DHP *28*
direct spiral test *20*
directional stability *12*
distance to new course *10*
divergent wave *67*
dolphin *87*
double headline tie-up *101*
dragging anchor *143*
dredging round *99*
drift *163*
drift angle *14*
dynamical stability *127*

【E】
eddy making resistance　*47*
Effective Horsepower　*28*
EHP　*28*
encounter wave period　*66, 132*
Expanding Square Search　*165*

【F】
Finished with engine　*46*
fish-tail rudder　*4*
Fixed Pitch Propeller　*33*
flap rudder　*3*
floating loading stage　*88*
foul hawse　*98*
FPP　*33*
frictional resistance　*47*
Froude depth number　*70*
Froude number　*69*

【G】
GM　*126, 128*
GMDSS　*157*
gust factor　*58*
GZ　*126*

【H】
harbor speed　*45*
head line　*112*
heave to　*139*
heaving　*125*
holding power　*90*
holding power ratio of anchor　*91*
holding power ratio of cable　*91*
hysteresis loop　*22*

【I】
IAMSAR manual　*160*
IMODCO buoy　*90*
initial stability　*126*
initial turning ability　*23*
interaction between two ships　*76*
inward turning　*41*

【J】
JASREP　*159*
jetty　*88*

【K】
kick　*14*

【L】
lagoon　*153*
lateral wash of screw current　*34*
lee way　*64*
lie to　*140*
lighter's wharf　*88*
log speed　*45*
lurch　*130*
lying at single anchor　*93*
lying at two anchors　*93, 96*

【M】
maneuverability index　*5*
maneuvering speed　*45*
maximum continuous output　*27*
Maximum Continuous Rating　*27*
MCR　*27*
MHP　*37*
Minimum Ahead Pitch　*37*
mooring　*93*
mooring buoy　*89*

mooring lines   *112*

【N】
normal force of rudder   *2*
normal output   *27*

【O】
OG   *45*
On Scene Commander   *161*
OSC   *161*
outward turning   *41*
overload output   *27*
overshoot angle   *20*

【P】
Parallel Sweep Search   *166*
parallel track search   *166*
parametric roll motions   *133*
pier   *86*
pilot   *155*
pilot ladder   *156, 171*
pitching   *125*
pivoting point   *15*
pontoon   *88*
pooping down   *131*
power tie-up   *102*
propeller law   *29*

【Q】
quay   *86*

【R】
racing   *66, 131*
RCC   *157*
reach   *14*
real slip   *32*

Rescue Co-ordination Center   *157*
Rescue Sub-Center   *157*
reverse spiral test   *20*
Ring up engine   *46*
rolling   *124*
RSC   *157*
rudder area ratio   *17*
rudder force   *2*

【S】
SBM   *90, 107, 111*
Scharnow turn   *171*
screw current   *33*
scudding   *139*
sea speed   *45*
Search and rescue Mission Coordinator   *161*
search area   *164*
Sector Search   *165*
semi-balanced rudder   *1*
Shaft Horsepower   *28*
shallow water effect   *67*
ship reporting system   *159*
shipping seas   *131*
shore lines   *112*
short stopping distance   *50*
SHP   *28*
side thruster   *106*
sidewise pressure   *35*
sighting anchor   *98*
significant wave   *124*
Single Buoy Mooring   *90, 107*
single headline tie-up   *101*
Single Point Mooring   *90*
single turn   *171*
single up   *118*

slamming 66, 132
slip wire 110
slipping anchor 98
SMC 161
speed over the ground 45
speed through the water 45
spinning 30
SPM 90
spring line 112
squat 69
stability 126
stability lever 126
Stand by engine 45
stand by speed 45
standard wheel orders 24
statical stability 126
stern kick 14
stern line 112
stern thruster 106
stopping ability 23, 50
storm bitt 88
successive high-wave attack 134
surf-riding 133
surging 125
swaying 125
swell 123
synchronous rolling motion 132

【T】
Tactical Diameter 13
TD 14
THP 28
Thrust Horsepower 28
tow line 101
towing hook 101
track spacing 163

transfer 13
transit 83
transverse wave 67
tug 100
turning ability 23
turning circle 12
turning test 20

【U】
UKC 71
unbalanced rudder 1
Under Keel Clearance 71

【V】
Voith Schneider Propeller 100
VSP 100

【W】
wake 35
walk back 97
water ballast 137
wave making resistance 47
wharf 86
Williamson turn 171
wind wave 123

【Y】
yaw checking ability 23
yawing 125
yawing moment 64

【Z】
Z drive 31, 100
Zig-zag maneuver test 20

■著者略歴

橋本 進（はしもと すすむ）
1949年　高等商船学校航海学科卒業
　　　　運輸省航海訓練所勤務を経て
　　　　東京商船大学教授
　　　　1992年同大学退官

矢吹 英雄（やぶき ひでお）
東京海洋大学名誉教授
1971年　神戸商船大学航海学科卒業
　　　　航海訓練所勤務を経て
2002年　東京商船大学商船学部教授
2003年　東京水産大学との統合により東京海洋大学海洋工学部教授
2012年　東京海洋大学名誉教授

岡崎 忠胤（おかざき ただつぎ）
東京海洋大学大学院教授
1992年　東京商船大学航海学科卒業
1995年　東京商船大学大学院商船学研究科修了
1998年　名古屋工業大学大学院工学部生産システム工学科博士後期課程修了
　　　　海上技術安全研究所勤務を経て
2007年　東京海洋大学海洋工学部准教授
2013年　東京海洋大学大学院教授

ISBN978-4-303-23942-8

操船の基礎

1988年4月25日　初版発行
2012年3月15日　二訂版発行　　Ⓒ S. HASHIMOTO / H. YABUKI / T. OKAZAKI 2012
2023年4月10日　二訂3版2刷発行

著　者　橋本 進・矢吹英雄・岡崎忠胤　　　　　　　　　　検印省略
発行者　岡田雄希
発行所　海文堂出版株式会社

　　　　本　社　東京都文京区水道2-5-4（〒112-0005）
　　　　　　　　電話 03(3815)3291(代)　FAX 03(3815)3953
　　　　　　　　http://www.kaibundo.jp/
　　　　支　社　神戸市中央区元町通3-5-10（〒650-0022）
日本書籍出版協会会員・工学書協会会員・自然科学書協会会員

PRINTED IN JAPAN　　　　　　　　　印刷　東光整版／製本　ブロケード

JCOPY ＜出版者著作権管理機構 委託出版物＞

本書の無断複製は著作権法上での例外を除き禁じられています。複製される場合は、そのつど事前に、出版者著作権管理機構（電話 03-5244-5088, FAX 03-5244-5089, e-mail: info@jcopy.or.jp）の許諾を得てください。